HTML5＋CSS3
静态网站开发项目案例教程

主　编：陈丽丽

副主编：金　丽　王　鑫

参　编：杜　鹏

上海交通大学出版社
SHANGHAI JIAO TONG UNIVERSITY PRESS

内容提要

本书主要通过对 HTML5 基本标签与 CSS3 属性设置实现静态网页设计与制作。全书共 11 个项目,主要讲解了网页基本概念、HTML5 与 CSS3 的基础知识、盒子模型、超链接和列表、布局与定位、表格和表单、音视频和动画、响应式布局设计方法及实战开发案例等。本书配套丰富的数字资源,可作为高等院校本科、专科相关专业的网页设计与制作课程的教材,也可作为初级网站开发人员的参考资料和培训资料。

图书在版编目(CIP)数据

HTML5＋CSS3 静态网站开发项目案例教程／ 陈丽丽主编. -- 上海：上海交通大学出版社，2024. 11. -- ISBN 978-7-313-31930-2

Ⅰ. TP312. 8；TP393. 092. 2

中国国家版本馆 CIP 数据核字第 202499PU91 号

HTML5＋CSS3 静态网站开发项目案例教程

HTML5＋CSS3 JINGTAI WANGZHAN KAIFA XIANGMU ANLI JIAOCHENG

主　　编：陈丽丽

出版发行：上海交通大学出版社　　　　　地　　址：上海市番禺路 951 号

邮政编码：200030　　　　　　　　　　　电　　话：021-64071208

印　　制：上海景条印刷有限公司　　　　经　　销：全国新华书店

开　　本：787 mm×1092 mm　1/16　　　印　　张：14.25

字　　数：356 千字

版　　次：2024 年 11 月第 1 版　　　　　印　　次：2024 年 11 月第 1 次印刷

书　　号：ISBN 978-7-313-31930-2　　　电子书号：ISBN 978-7-89424-959-3

定　　价：68.00 元

前言
PREFACE

本书按照高等职业院校培养高素质应用型人才的要求,从实用和够用的原则出发,采用"思政引入、项目导向、任务驱动"的模式进行编写。本书以 HBuilderX 作为网页代码编辑环境,按照学生成长规律、认知规律,将生活中的真善美等作为网页内容素材引领学生的价值观,促进学生素质目标培养,同时按照 HTML+CSS 静态网站设计的相关知识结构由浅入深、循序渐进地引导学生掌握 HTML 标签、CSS 属性、CSS 规则、盒子模型、超链接、表格、表单、定位模式等知识体系和专业技能。

本书内容分为 11 个项目,包括"初识第一个网页'我的梦'""使用 HTML 语言构造'奋斗的青春'页面""使用 CSS 美化'老人与海'网页""用盒子模型布局'诗画自然'页面""使用超链接和列表构建'诗画自然'网站""布局与定位'爱的回音壁'页面""'在线注册'表单页面""使用音视频实现'美丽绽放'页面""使用动画灵动'美丽人生'页面""响应式设计自适应'发现美'页面""综合项目'夕阳之窗网站'"。

本书具有如下特色:

1. 思政元素价值引领,构建全面育人体系

本书全面贯彻落实党的二十大精神,深入实施科教兴国战略、人才强国战略、创新驱动发展战略,以社会主义核心价值观为引领,秉承立德树人的教学理念,培养德智体美劳全面发展的社会主义建设者和接班人。本书编写以能力和素质培养为核心,以"知行合一,崇实创新"为原则,结合家国情怀、工匠精神和职业素养等思政维度,构建全面育人体系。

2. 立体化教材

本书为立体化教材,旨在满足教师的教学需求和学生的学习需求。它提供了包括课件、案例分析、1+X 知识巩固与拓展训练、教学微课等多种配套资源。这些资源有助于提升教学与学习的质量,并推动以学生为中心、教师为引导的教学改革,从而取得更好的教学效果。

3. 岗课赛证融通,培养高技能人才

基于"岗课赛证"的人才培养方案构建思路,对接真实岗位需求,在书中充分体现岗位技能要求,并依据职业技能等级标准,融入 1+X 证书内容;同时通过将职业技能大赛、创新创业大

赛内容融入本书的实践模块,最终实现岗课赛证融通。

4. 以项目为载体,培养创新实践能力

以项目为载体,将网页设计的知识、技术与价值观引导融为一体,通过任务驱动方式引导学生进行实践。本书所有的讲解和例题都基于价值观引领,以培养学生成为德技兼修的高素质专业技能人才为目标。每个项目包含多维拓展模块,引导学生自主拓展,促进学生以点到面的多维拓展的思维模式和学习方法。

本书内容设计通俗易懂,从教、学、做三个层面展开,以具体项目贯穿始末,易于学习,可操作性强,循序渐进且层次分明。每个项目又分成若干任务,有助于学生理解概念、巩固知识、掌握要点、攻克难点,以及推动学生自主学习网页设计技术和拓展领域的热门技术。

本书为职业教育在线精品课程《门户网站设计实训》的配套教材,由辽宁建筑职业学院陈丽丽担任主编,金丽、王鑫担任副主编;企业工程师杜鹏参与编写。本书由校企共同开发,企业一线人员为本书的编写提供了大量的案例素材与宝贵建议,在此编者一一表示由衷感谢。

由于时间仓促、编者水平有限,书中难免存在疏漏与不妥之处,恳请广大读者批评指正,以便我们修订和完善。

编　者

2024 年 9 月

目录
CONTENTS

项目 1

初识第一个网页"我的梦"

知识目标

（1）了解网页的概念和组成。

（2）理解 HTML、CSS 和 JavaScript 的功能和作用。

（3）了解几种网页制作工具。

能力目标

（1）能使用网页编辑工具 HBuilder 编写网页。

（2）具备 HTML 语言编写能力。

素质目标

（1）具有理想、信念及拼搏奋进的精神。

（2）具有踏实肯干、实事求是的精神。

（3）具备制定目标、合理规划的能力。

1.1 网页基础知识

网页可以看作承载各种网站应用和信息的容器，所有可视化的内容都会通过网页展示给用户。

1. 网页设计

网页设计（web design）是根据企业希望向浏览者传递的信息（包括产品、服务、理念、文化），进行网站功能策划，然后进行的页面设计美化工作。作为企业对外宣传的一种方式，精美的网页设计，对于提升企业的互联网品牌形象至关重要。网页设计通常可以分为三类：功能型网页设计（服务网站；B/S 软件用户端）、形象型网页设计（品牌形象站）、信息型网页设计（门户站）。设计网页的目的不同，应选择不同的网页策划与设计方案。

2. 设计规范

一个网站是由若干个网页构成的，网页是用户访问网站的界面。网页设计是指网页的布局结构和样式。布局是否合理、美观，将直接影响用户的阅读体验及访问时间。网页的组成元素主要包括文本、表格、超链接、图像、动画、视频、音乐、横幅广告以及多种动态效果。

3. 万维网

万维网(world wide web,WWW)上的一个超文本文档称之为一个页面(page)。作为一个组织或者个人在万维网上放置的开始页面称为主页(homepage)或首页。主页中通常包括指向其他相关页面或其他节点的指针(超级链接)。所谓超级链接，就是一种统一资源定位器(uniform resource locator,URL)指针，通过激活(点击)它，可使浏览器方便地获取新的网页。这也是 HTML 获得广泛应用的最重要的原因之一。在逻辑上将视为一个整体的一系列页面的有机集合称为网站(website 或 site)。超文本标记语言(hyper text markup language, HTML)是为"创建网页和可在浏览器中看到其他网页信息"设计的一种标记语言。

4. HTTP

超文本传输协议(hypertext transfer protocol,HTTP)是一个简单的请求-响应协议，它通常运行在 TCP 之上。它指定了客户端可能发送给服务器什么样的消息以及得到什么样的响应。请求和响应消息的头以 ASCII 形式给出；而消息内容则具有一个类似 MIME 的格式。超文本传输协议是一种用于分布式、协作式和超媒体信息系统的应用层协议，是万维网(WWW)的数据通信的基础。

5. DNS

域名系统(domain name system,DNS)，因特网上作为域名和 IP 地址相互映射的一个分布式数据库，能够使用户更方便地访问互联网，而不用去记住能够被机器直接读取的 IP 数串。通过解析主机名，最终得到该主机名对应的 IP 地址的过程叫作域名解析(或主机名解析)。DNS 协议运行在 UDP 协议之上，使用端口号 53。在 RFC 文档中 RFC 2181 对 DNS 有规范说明，RFC 2136 对 DNS 的动态更新进行说明，RFC 2308 对 DNS 查询的反向缓存进行说明。

6. 静态网页

用户无论何时何地访问，网页都会显示固定的信息，除非网页源代码被重新修改上传。静态网页更新不方便，但是访问速度快。

7. 动态网页

显示的内容则会随着用户操作和时间的不同而变化。动态网页可以和服务器数据库进行实时的数据交换。

1.2　网页相关技术

在学习如何设计一个网页之前，我们首先要了解网站、网页及其相关技术。

1.2.1 HTML

HTML 包括一系列标签，通过这些标签可以将网络上的文档格式统一，使分散的 Internet 资源链接为一个逻辑整体。HTML 文本是由 HTML 命令组成的描述性文本，HTML 命令包括说明文字、图形、动画、声音、表格、链接等。

1. 超文本

超文本是一种组织信息的方式,它通过超级链接方法将文本中的文字、图表与其他信息媒体相关联。这些相互关联的信息媒体可能在同一文件中,也可能是其他文件,或是地理位置相距遥远的某台计算机上的文件。这种组织信息方式将分布在不同位置的信息资源用随机方式进行连接,为人们查找、检索信息提供方便。

2. HTML 由来

HTML 是由 Web 的发明者伯纳斯(Tim Berners-Lee)和同事丹尼尔(Daniel W. Connolly)于 1990 年创立的一种标记语言,它是标准通用化标记语言 SGML 的应用。用 HTML 编写的超文本文档称为 HTML 文档,它能独立于各种操作系统平台(如 UNIX,Windows 等)。使用 HTML,将所需要表达的信息按某种规则写成 HTML 文件,通过专用的浏览器来识别,并将这些 HTML 文件"翻译"成可以识别的信息,即我们所见到的网页。

自 1990 年以来,HTML 就一直被用作万维网的信息表示语言,使用 HTML 描述的文件需要通过 Web 浏览器显示出效果。HTML 是一种建立网页文件的语言,通过标记式的指令(Tag),将文字、图形、动画、声音、表格、链接、影像等内容显示出来。事实上,每一个 HTML 文档都是一种静态的网页文件,这个文件里面包含了 HTML 指令代码,这些指令代码并不是一种程序语言,只是一种排版网页中资料显示位置的标记结构语言,易学易懂,非常简单。HTML 的普遍应用带来了超文本技术,即通过单击鼠标从一个主题跳转到另一个主题,从一个页面跳转到另一个页面,与世界各地主机的文件链接。超文本传输协议规定了浏览器在运行 HTML 文档时所遵循的规则和进行的操作。HTTP 的制定使浏览器在运行超文本时有了统一的规则和标准。

3. HTML 版本

HTML 是用来标记 Web 信息如何展示以及其他特性的一种语法规则。HTML 基于更古老一些的语言 SGML 定义,并简化了其中的语言元素。这些元素用于告诉浏览器如何在用户的屏幕上展示数据,所以很早就得到各个 Web 浏览器厂商的支持。

HTML 历史上有如下版本。

(1) HTML 1.0:1993 年 6 月,作为互联网工程工作小组(IETF)工作方案草案发布。

(2) HTML 2.0:1995 年 11 月,作为 RFC 1866 发布,于 2000 年 6 月发布之后被宣布已经过时。

(3) HTML 3.2:1997 年 1 月 14 日,W3C 推荐标准。

(4) HTML 4.0:1997 年 12 月 18 日,W3C 推荐标准。

(5) HTML 4.01(微小改进):1999 年 12 月 24 日,W3C 推荐标准。

(6) HTML 5:HTML5 是公认的下一代 Web 语言,极大地提升了 Web 在富媒体、富内容和富应用等方面的能力,被喻为终将改变移动互联网的重要推手。Internet Explorer 8 及以前的版本不支持。

1.2.2　CSS

CSS(cascading style sheets)是层叠样式表,是一种用来表现 HTML 或 XML 等文件样式的计算机语言。CSS 不仅可以静态地修饰网页,还可以配合各种脚本语言动态地对网页各元素进行格式化。

CSS 能够对网页中元素位置的排版进行像素级精确控制,支持几乎所有的字体和字号样式,拥有对网页对象和模型样式编辑的能力。

1.2.3 JavaScript

JavaScript(JS)是一种具有函数优先的轻量级、解释型或即时编译型的编程语言。虽然它是作为开发 Web 页面的脚本语言而出名,但是它也被用到了很多非浏览器环境中,JavaScript 基于原型编程、多范式的动态脚本语言,支持面向对象、命令式、声明式、函数式等多种编程范式。

1995 年,JavaScript 由 Netscape 公司的 Brendan Eich,在网景导航浏览器上首次设计实现而成。因为 Netscape 与 Sun 合作,Netscape 管理层希望它外观看起来像 Java,因此取名为 JavaScript。但实际上它的语法风格与 Self 及 Scheme 较为接近。

JavaScript 的标准是 ECMAScript。截至 2012 年,所有浏览器都完整地支持 ECMAScript 5.1,旧版本的浏览器至少支持 ECMAScript 3 标准。2015 年 6 月 17 日,ECMA 国际组织发布了 ECMAScript 的第六版,该版本正式名称为 ECMAScript 2015,但通常被称为 ECMAScript 6 或者 ES2015。

1. 主要功能

(1) 嵌入动态文本于 HTML 页面。

(2) 对浏览器事件做出响应。

(3) 读写 HTML 元素。

(4) 在数据被提交到服务器之前验证数据。

(5) 检测访客的浏览器信息。控制 Cookies,包括创建和修改等。

(6) 基于 Node.js 技术进行服务器端编程。

2. 语言组成

(1) ECMAScript,描述了该语言的语法和基本对象。

(2) 文档对象模型(DOM),描述处理网页内容的方法和接口。

(3) 浏览器对象模型(BOM),描述与浏览器进行交互的方法和接口。

1.2.4 Web 标准

Web 标准不是某一项标准,而是由 W3C 和其他标准化组织制定的一系列标准的集合,包含我们所熟悉的 HTML、XHTML、CSS、JavaScript 等。

通过 Web 标准,我们可以对不同的浏览器不同的网页效果进行标准化解析,从而展示统一的内容。

1. 结构标准

结构标准用于对网页元素进行整理和分类,主要通过 HTML 实现网页结构的构造。

2. 表现标准

表现标准用于设置网页元素的版式、颜色、大小等外观样式,主要是通过 CSS 规则实现元素样式的设置。

3. 行为标准

行为标准是指网页模型的定义及网页交互功能的实现,主要包括两个部分: DOM 和 ECMAScript。

通过生活中例子说明一下结构标准、表现标准和行为标准之间的关系,如果把 Web 标准看作一栋房子,结构标准就相当于房子的框架。表现标准就相当于房子的装修,让房子看起来更美观。行为标准相当于房间内部的具有功能性的设施,如厨房是做饭、烹调的地方,洗手间是淋浴、洗漱、如厕的地方。

1.2.5　浏览器

浏览器是用来检索、展示以及传递 Web 信息资源的应用程序。Web 信息资源由统一资源标识符(uniform resource identifier,URI)所标记,它是一张网页、一张图片、一段视频或者任何在 Web 上所呈现的内容。使用者可以借助超级链接(Hyperlinks),通过浏览器浏览互相关联的信息。常用的浏览器包括:IE 浏览器、Chrome 浏览器、Firefox 浏览器、Safari 浏览器、Opera 浏览器、360 浏览器等。如图 1-1 所示是这几种浏览器的图标。

　　IE 浏览器　　Chrome 浏览器　　Firefox 浏览器　　Safari 浏览器　　Opera 浏览器　　360 浏览器

图 1-1　浏览器类型

(1) IE 浏览器(internet explorer):IE 浏览器是世界上使用最广泛的浏览器,它由微软公司开发,预装在 windows 操作系统中。我们装完 windows 系统之后就会有 IE 浏览器。

(2) Chrome 浏览器:Chrome 浏览器由谷歌公司开发,测试版本在 2008 年发布。虽说是比较年轻的浏览器,但是却以良好的稳定性、快速、安全性获得使用者的青睐。

(3) Firefox 浏览器:火狐浏览器是一个开源的浏览器,由 Mozilla 基金会和开源开发者一起开发。由于是开源的,所以它集成了很多小插件,开源拓展很多功能。发布于 2002 年,它也是世界上使用率前五的浏览器。

(4) Safari 浏览器:Safari 浏览器由苹果公司开发,也是比较广泛使用的浏览器之一。Safari 预装在苹果操作系统当中,从 2003 年首发测试以来到现在已经 11 个年头,是苹果系统的专属浏览器。

(5) Opera 浏览器:Opera 浏览器是由挪威一家软件公司开发的,创始于 1995 年,有着快速小巧的特点,还有绿色版的,属于轻灵的浏览器。

(6) 360 浏览器:基于 IE 内核开发,360 安全浏览器是互联网上安全好用的新一代浏览器,拥有国内领先的恶意网址库,采用云查杀引擎,可自动拦截挂马、欺诈、网银仿冒等恶意网址。

1.2.6　浏览器内核

浏览器内核(rendering engine),是指浏览器最核心的部分,负责对网页语法的解释(如 HTML、CSS、JavaScript)。

通常所谓的浏览器内核也就是浏览器所采用的渲染引擎,渲染引擎决定了浏览器如何显示网页的内容以及页面的格式信息。不同的浏览器内核对网页编写语法的解释也有不同,因此同一网页在不同的内核的浏览器里的渲染(显示)效果也可能不同,这也是网页编写者需要在不同内核的浏览器中测试网页显示效果的原因。通常有以下几种浏览器内核：Trident（IE 内核）（已废弃）、Webkit（Safari 内核，Chrome 内核原型，开源）、Gecko（Firefox 内核）、Presto（Opera 前内核）（已废弃）、Blink（Webkit WebCore 组件分支，Google 与 Opera Software 共同开发）。

1.3　网页制作工具

当前流行的网页制作工具包括 Visual Studio Code（VS Code）、WebStorm（WS）、Sublime Text、HBuilder、Dreamweaver、eNotepad＋＋、Editplus 等。如图 1.2 所示为几种网页制作工具的图标。

Visual Studio Code　　WebStorm　　HBuilder　　Adobe Dreamweaver CS6

图 1－2　网页制作工具

1.3.1　VS CODE

VS Code 是 Microsoft 在 2015 年 4 月 30 日 Build 开发者大会上正式宣布一个运行于 Mac OS X、Windows 和 Linux 之上的，针对编写现代 Web 和云应用的跨平台源代码编辑器，可在桌面上运行，并且可用于 Windows、macOS 和 Linux。它具有对 JavaScript、TypeScript 和 Node.js 的内置支持，并具有丰富的其他语言（例如 C＋＋，C♯，Java，Python，PHP，Go）和运行时（例如.NET 和 Unity）扩展的生态系统。

1.3.2　WebStorm

WebStorm 是 JetBrains 公司旗下一款 JavaScript 开发工具，已经被广大中国 JS 开发者誉为"Web 前端开发神器""最强大的 HTML5 编辑器""最智能的 JavaScript IDE"等。与 IntelliJ IDEA 同源，继承了 IntelliJ IDEA 强大的 JS 部分的功能。

1.3.3　HBuilder

HBuilder 是 DCloud（数字天堂）推出的一款支持 HTML5 的 Web 开发 IDE。HBuilder 的编写用到了 Java、C、Web 和 Ruby。HBuilder 本身主体是由 Java 编写。

1.3.4　Dreamweaver

Adobe Dreamweaver CS6 网页设计软件提供了一套直观的可视界面，供创建和编辑网站和移动应用程序。使用专为跨平台兼容性设计的自适应网格版面创建网页。在发布前，使用多屏幕预览来审阅设计。

1.4 阶段案例——我的梦

前面我们已经对网页、HTML、CSS 以及常用的制作工具做了简单的介绍,接下来我们通过一个案例学习使用 HBuilder 工具创建一个简单的网页,操作步骤如下。

(1) 在 D 盘下创建一个"静态网站教材案例"文件夹,路径为:"D:\静态网站教材案例"文件夹。

(2) 打开 HBuilder X 环境,如图 1-3 所示,左击主菜单中"文件"菜单,选中"打开目录"菜单项,如图 1-4 所示,指向"D:\静态网站教材案例"文件夹,点击"选择文件夹"按钮。

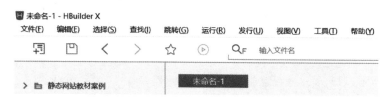

图 1-3 HBuilder 环境

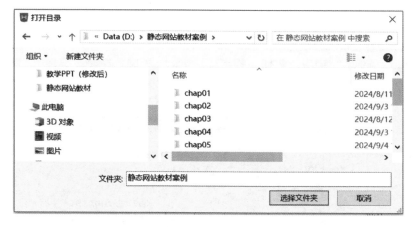

图 1-4 打开目录对话框

(3) 如图 1-5 所示,右击左边目录窗口的"静态网站教材案例",在弹出菜单中选择"新建"菜单项,点击"新建"菜单项,在层级弹出的菜单中选中"目录",输入"chap01"文件夹。

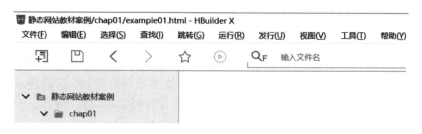

图 1-5 在目录菜单中输入"chap01"文件夹

（4）右键单击 chap01 文件夹，点击"新建"菜单项，在层级弹出的菜单中选中"html 文档"，接下来在"新建 html 文件"对话框中，如图 1-6 所示，文件名中录入"example01.html"文件名，单击"创建"按钮。如图 1-7 所示 example01.html 文件编辑器。

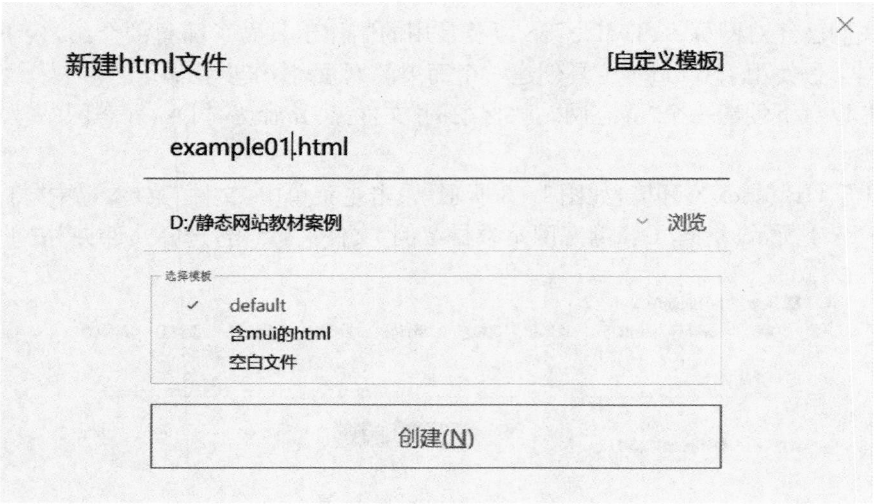

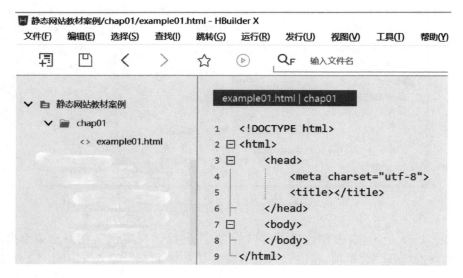

图 1-6　新建文件对话框

图 1-7　打开 example01.html 文件

（5）编写 html 代码。在第 5 行输入标题"我的梦"。在第 14 行<body>标签下面输入"我的梦"这首歌歌词的内容，具体代码如例 1-1，example01.html 的第 15 行到第 58 行的文本内容，其中<h1></h1>标签表示一级标题，<p></p>标签表示段落，
标签表示换行。

（6）编写 CSS 代码，如例题 example01.html 中第 6 行到第 12 行，<style></style>标签表示嵌入式 CSS 代码，第 7 行 h1,p 表示选择器名称，即针对<body>标签下的<h1>标签和<p>标签进行样式的设置；其中第 8 行 text-align：center；表示文本居中对齐；第 9 行 color：green；

表示文本颜色为绿色;第 10 行 font-family："楷体";表示文本字体为楷体。

例 1-1 example01.html 页面：我的梦。

```
1  <! DOCTYPE html>
2  <html>
3    <head>
4        <meta charset = "utf-8">
5        <title>我的梦</title>
6        <style type = "text/css">
7            h1,p {
8                text-align: center; /* 居中对齐 */
9                color: green; /* 文本颜色绿色 */
10               font-family: "楷体"; /* 字体楷体 */
11           }
12       </style>
13   </head>
14   <body>
15       <h1>我的梦</h1>
16       <p>一直地一直地往前走<br>
17           疯狂的世界<br>
18           迎着痛把眼中所有梦<br>
19           都交给时间<br>
20           想飞就用心地去飞<br>
21           谁不经历狼狈<br>
22           我想我会忽略失望的灰<br>
23           拥抱遗憾的美<br>
24           我的梦说别停留等待<br>
25           就让光芒折射泪湿的瞳孔<br>
26           映出心中最想拥有的彩虹<br>
27           带我奔向那片有你的天空<br>
28           因为你是我的梦<br>
29           是我的梦<br>
30           执着地勇敢地不回头<br>
31           穿过了黑夜踏过了边界<br>
32           路过雨路过风往前冲<br>
33           总会有一天站在你身边<br>
34           泪就让它往下坠<br>
35           溅起伤口的美<br>
36           哦别以为失去的最宝贵<br>
37           才让今天浪费<br>
38           我的梦说别停留等待<br>
39           就让光芒折射泪湿的瞳孔<br>
40           映出心中最想拥有的彩虹<br>
41           带我奔向那片有你的天空<br>
42           因为你是我的梦<br>
43           我的梦<br>
```

```
44          是 我 的 梦<br>
45          我 的 梦<br>
46          世界会怎么变化 都不是意外<br>
47          记得用心去回答<br>
48          命运的精彩<br>
49          世界会怎么变化 都离不开爱<br>
50          记得成长的对话<br>
51          勇敢地说我不再等待<br>
52          就让光芒折射泪湿的瞳孔<br>
53          映出心中最想拥有的彩虹<br>
54          带我奔向那片有你的天空<br>
55          因为你是我的梦<br>
56          我的梦<br>
57          你是我的梦<br>
58          因为你是我的梦</p>
59  </body>
60  </html>
```

此例题通过 HTML5＋CSS3 结构与表现相分离的方式实现"我的梦"的页面。希望同学们以"我的梦"开启大学学习生涯，为梦想而执着、勇敢地坚持奋斗的精神。第 15～58 行是网页结构部分，用 HTML 文本标签实现网页内容结构；第 6～12 行是页面表现部分，用 CSS 实现的规则。其运行效果如图 1－8 所示。

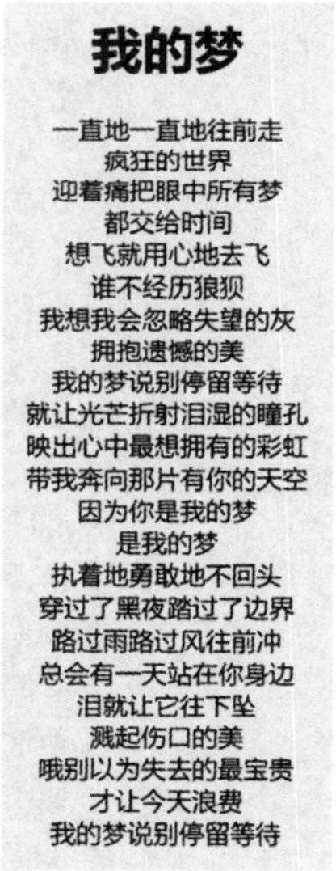

我的梦

一直地一直地往前走
疯狂的世界
迎着痛把眼中所有梦
都交给时间
想飞就用心地去飞
谁不经历狼狈
我想我会忽略失望的灰
拥抱遗憾的美
我的梦说别停留等待
就让光芒折射泪湿的瞳孔
映出心中最想拥有的彩虹
带我奔向那片有你的天空
因为你是我的梦
是我的梦
执着地勇敢地不回头
穿过了黑夜路过了边界
路过雨路过风往前冲
总会有一天站在你身边
泪就让它往下坠
溅起伤口的美
哦别以为失去的最宝贵
才让今天浪费
我的梦说别停留等待

图 1－8　页面效果图

项目 2

使用 HTML 语言构造"奋斗的青春"页面

知识目标

(1) 了解 HTML5 文档的基本结构。

(2) 熟悉 HTML 头部相关标签。

(3) 掌握 HTML 文本控制标签的用法。

(4) 掌握 HTML 图像标签的用法。

能力目标

(1) 会使用文本控制标签定义文本。

(2) 会使用图像标签插入图像。

素质目标

(1) 具备正确的价值观和人生观。

(2) 具备奉献精神和爱的能力。

(3) 具备严谨认真的做事态度。

2.1 HTML5 页面结构

HTML5 作为 HTML 的最新版本,是 HTML 的传递和延续。经历 HTML4.0、XHTML 再到 HTML5 从某种意义上讲,这是 HTML 超文本标签语言的更新与规范过程。因此, HTML5 并没有给用户带来多大的冲击,大部分标签在 HTML5 版本中依然适用。

1. 兼容性

HTML5 并不是对之前 HTML 语言颠覆性的革新,它的核心理念就是要保持与过去技术 的完美衔接,因此 HTML5 有很好的兼容性。

2. 合理性

HTML5 中增加和删除的标签都是对现有的网页和用户习惯进行分析、概括而推出的。

```
1   <!DOCTYPE html>  ——→ 文档声明
2 ⊟ <html>           ——→ 根标签
3 ⊟    <head>                      ——————→ 头部标签
4         <meta charset="utf-8">
5         <title>我的梦</title>
6 ⊟       <style type="text/css">
7 ⊟          h1 {
8                 text-align: center;
9            }
10⊟          p {
11               text-align: center;
12               color: green;
13               font-size:30px;
14               font-family:"楷体";
15           }
16        </style>
17     </head>
18     <body>                       ——————→ 主体标签
19        <h1>我的梦</h1>
20        <p>一直地 一直地 往前走</p>
21     </body>
22 </html>
```

图 2-1   index.html 页面代码

例如以前版本中需要使用＜div id＝"header"＞来定义网页的头部区域，而在 HTML5 中就直接添加一个＜header＞标签。

3. 易用性

HTML5 严格遵循"简单至上"的原则。比如简化的字符集声明；简化的文档声明! DOCTYPE；以浏览器原生能力（浏览器自身特性功能）替代复杂的 JavaScript 代码。

2.1.1　HTML5 文档结构

学习任何一门语言，首先要掌握它的基本格式，HTML5 基本结构如图 2-1 所示。它由文档声明部分、html 根标签、head 头部标签和 body 主体标签构成。

1. HTML5 文档声明

＜! DOCTYPE＞声明不是 HTML 标签，它是指示 web 浏览器关于页面使用哪个 HTML 版本进行编写的指令，该指令必须位于 HTML 文档的第一行，位于＜html＞标签之前，如图 2-2 所示。

如 HTML5
＜! DOCTYPE html＞

HTML 4.01 Strict

该 DTD 包含所有 HTML 元素和属性，但不包括展示性的和弃用的元素（比如 font）。不允许框架集（Framesets）。

```
<!DOCTYPE HTML PUBLIC "-//W3C//DTD HTML 4.01//EN" "http://www.w3.org/TR/html4/strict.dtd">
```

XHTML 1.0 Strict

该 DTD 包含所有 HTML 元素和属性，但不包括展示性的和弃用的元素（比如 font）。不允许框架集（Framesets）。必须以格式正确的 XML 来编写标记。

```
<!DOCTYPE html PUBLIC "-//W3C//DTD XHTML 1.0 Strict//EN"
"http://www.w3.org/TR/xhtml1/DTD/xhtml1-strict.dtd">
```

图 2-2   HTML5 文档声明

2. HTML 语言代码

HTML 的 lang 属性可用于网页或部分网页的语言。这对搜索引擎和浏览器是有帮助的。根据 W3C 推荐标准，应该通过＜html＞标签中的 lang 属性对每个页面中的主要语言进行声明。表 2-1 为常用语言代码。

表 2-1　常用语言代码

语　　言	代　　码
中文(简体、繁体)	zh
英文	en
日语	ja
韩语	ko

3. HTML5 的 head 部分

HTML5 的 head 部分用于定义网页的基本信息,如页面的标题、作者、关键字、网页刷新时间及与链接其他文档等。HTML 语言在头部<head>标签内,通过内嵌相关标签形式实现对元数据即基本数据信息的定义。本节将具体介绍常用的头部标签。

1) title 标签

用于定义 HTML 页面的标题即给网页取一个名字。

一个 HTML 文档只能包含一对<title></title>标签,<title></title>之间的内容将显示在浏览器窗口的标题栏中。例如将页面标题设置为"青年的价值观",具体代码如下。

<title>青年的价值观</title>

2) meta 标签

<meta>标签用于定义页面的元信息,即页面的基本信息。在 HTML 中,<meta/>标签是一个单标签,通常包含两组属性,可以定义页面的相关参数。例如为搜索引擎提供网页的关键字、作者姓名、内容描述、网页的更新时间等。分别是第一组: name 和 content;第二组: http-equiv 和 content。下面我们来介绍<meta/>标签的使用方法,具体如下。

(1) <meta http-equiv ="参数" content="参数变量值"/>。

http-equiv,相当于 http 的文件头作用,它可以向浏览器传回一些有用的信息,以帮助正确和精确地显示网页内容,与之对应的属性值为 content,content 中的内容其实就是各个参数的变量值。

① Content-Type(页面字符编码)。

说明: 用于对网页的页面文本和 html 文档设定字符编码。

例如: <meta http-equiv="Content-Type" content="text/html; charset=gb2312" />。

在此语句中, http-equiv 参数为"Content-Type",用于设定网页使用的字符集参数。Content 用于设定参数"Content-Type"的参数值为: "text/html; charset=gb2312"表示 html 文档的字符集为中文字符集 gb2312。"text/html"和 "charsel=gb2312"两个属性值中间用";"隔开。这段代码用于说明当前文档类型为 HTML,字符集为 gb2312(中文编码)。目前最常用的国际化字符集编码格式是 utf-8,常用的国内中文字符集编码格式是 gbk 和 gb2312。当用户使用的字符集编码不匹配当前浏览器时,网页内容就会出现乱码。

② Refresh(刷新)。

说明: 自动刷新并指向新页面。

例如：<meta http-equiv="Refresh" content="2;URL=http://www.baidu.com" />。

在此语句中，参数为"Refresh"，用于设定网页多长时间自动刷新。其中的 2 是指停留 2 s 后自动刷新到 URL 网址。

（2）<meta name="名称" content="值"/>。

① 搜索引擎关键字。

说明：网页中的内容的关键字。

例如：<meta name="keywords" content="价值观,青年,人生,使命" />。

在此语句中 name 属性的值为 keywords，用于定义搜索内容名称为网页关键字，content 属性的值用于定义关键字的具体内容，多个关键字内容之间可以","分隔。

② 设置网页描述。

例如某图片网站的描述信息设置如下：

<meta name="description" content="夕阳之窗网站提供了一种智慧养老模式,医疗健康,朋友圈,精神文化">其中 name 属性的值为 description，用于定义搜索内容名称为网页描述，content 属性的值用于定义描述的具体内容。

③ 设置网页作者。

例如：可以为网站增加作者信息，<meta name="author" content="简丹"/>。

在此语句中 name 属性的值为 author，用于定义搜索内容名称为网页作者，content 属性的值用于定义具体的作者信息。

（3）外链入 CSS 文件或者内嵌式 CSS 代码。

① link 标签。

外链入 CSS 文件。例如：<link rel="stylesheet" type="text/css" href="css/index.css" />。

② <style type="text/css"></style>

内嵌式 CSS 代码。例如<style type="text/css">p{text-align:center}</style>。

2.1.2　HTML 标签

在 HTML 页面中，HTML 标签由带有"<>"符号的元素构成，如上面提到的<html>、<head>、<body>都是 HTML 标签，通过文档中标签可以实现浏览器所呈现页面的某种格式。本节将详细讲解网页主体页面 body 中的文本格式标签即图像标签。

1. 标签的分类

根据标签的组成特点，通常将 HTML 标签分为三大类，分别是双标签、单标签和注释标签。

双标签的基本语法结构<标签名>内容</标签名>；

单标签的基本语法结构<标签名/>；

注释标签的基本语法结构<！—注释内容-->。

2. 标签的关系

网页中标签之间的关系很简单，主要有嵌套关系和并列关系两种，具体介绍如下。

1）嵌套关系

嵌套关系也称为包含关系，可以简单理解为一个双标签里面包含其他的标签。在嵌套关系的标签中，我们通常把外层的标签称为"父级标签"，里面的标签称为"子级标签"。只有双标签才能作为"父级标签"。

例如,在 HTML5 的结构代码中,<html>标签和<head>标签(或 body 标签)就是嵌套关系,具体代码如下所示。

```
<html>
    <head>
    </head>
    <body>
    </body>
</html>
```

需要注意的是,在标签的嵌套过程中,必须先结束最靠近内容的标签,再按照由内到外的顺序依次关闭标签。

2)并列关系

并列关系也称为兄弟关系,就是两个标签处于同一个级别,没有包含关系。例如在上面的 html 文档结构代码中,<head></head>和<body></body>就是并列关系。

3.标签属性

标签属性用于设置标签中文本内容显示的样式。HTML 标签设置属性的基本语法格式为:<标签名 属性 1="属性值 1"属性 2-"属性值 2"…>内容</标签名>。在上面的语法中,标签可以拥有多个属性,每个属性必须写在开始标签中,位于标签名后面。属性之间不分先后顺序,标签名与属性、属性与属性之间均以空格分开。例如下面的示例代码设置了一段居中显示的文本内容:<p align="center">段落文本居中显示</p>。其中<p></p>标签用于定义段落文本,align 为属性名,center 为属性值,表示文本居中对齐。

2.2　文　本　标　签

文本是网页中最基本的内容。HTML 中提供了格式化文本内容的标签,来排版整理文本结构,包括标题标签<hl>～<h6>、段落标签<p>等页面格式化标签和文本格式化标签等。本节将对几个主要的文本标签进行详细讲解。

2.2.1　页面格式化标签

页面格式化标签是对整体页面结构的布局进行格式化,如标题标签、段落标签、换行标签和水平线标签,下面对它们的具体介绍如下。

1.标题标签

HTML 提供了 6 个等级的标题,即<h1>、<h2>、<h3>、<h4>、<h5>和 <h6>,从<h1>到<h6>标题的重要性依次递减。标题标签的基本语法格式如下:

```
<hn align="对齐方式">标题文本</hn>
```

在上面的语法中 n 的取值为 1 到 6,代表 1～6 级标题。align 属性为可选属性,用于指定标题的对齐方式。

align 属性值有三个 left(居左对齐)、right(居右对齐)、center(居中对齐)。

例如：<h1>一级标题</h1>

   <h2>二级标题</h2>

   <h3>三级标题</h3>

   <h4>四级标题</h4>

   <h5>五级标题</h5>

   <h6>六级标题</h6>

2. 段落标签<p>

段落标签<p>为双标签,一对 p 标签标记一个段落,每一段结束相当于以一个回车结束。段落<p>标签基本语法格式：<p align="对齐方式">段落文本</p>。

3. 换行标签
或

例如：每一行的结束用
单标签标记,每一行结束相当于以一个"shift＋回车"结束。接下来举一个具体案例说明一下,如例 2－1 的代码。

4. 水平线标签

在网页中我们常常会看到一些水平线将段落与段落之间隔开,使文档结构清晰层次分明。水平线可以通过<hr/>标签来定义,基本语法格式如下。

```
<hr 属性 = "属性值"/>
```

<hr />是单标签,在网页中输入一个<hr />,就添加了一条默认样式的水平线。此外通过为<hr/>标签设置属性和属性值,可以更改水平线的样式,其常用的属性如表 2－2 所示。

<p align="center">表 2－2 <hr/>标签的常用属性</p>

属 性 名	含 义	属 性 值
align	设置水平线的对齐方式	可选择 left、right、center 3 种值,默认为 center(居中对齐显示)
size	设置水平线的粗细	以像素为单位,默认为 2 像素
color	设置水平线的颜色	可用颜色名称、十六进制＃RGB、rgb(r,g,b)表示
width	设置水平线的宽度	可以是确定的像素值,也可以是浏览器窗口的百分比,默认为 100％

例 2－1   example01.html 测试页面格式化标签,运行效果如图 2－3。

```
1 <! DOCTYPE html>
2 <html>
3   <head>
4     <meta charset = "utf-8">
5     <title>标题段落和换行标签</title>
6   </head>
7   <body>
```

```
8     <h1>一级标题</h1>
9     <h2 align = "center">二级标题</h2>
10    <h3>三级标题</h3>
11    <h4 align = "right">四级标题</h4>
12    <h5>五级标题</h5>
13    <h6>六级标题</h6>
14    <p align = "right">第一段居右对齐<br>一对 p 标签标记段落,每一段结束相当于以一个回
车结束。</p>
15    <p align = "center">第二段居中对齐:第一行<br>第二行:每一行的结束用<br>单标签标
记,<br>第三行:每一行结束相当于以一个"shift + 回车"结束。    </p>
16    </body>
17    </html>
```

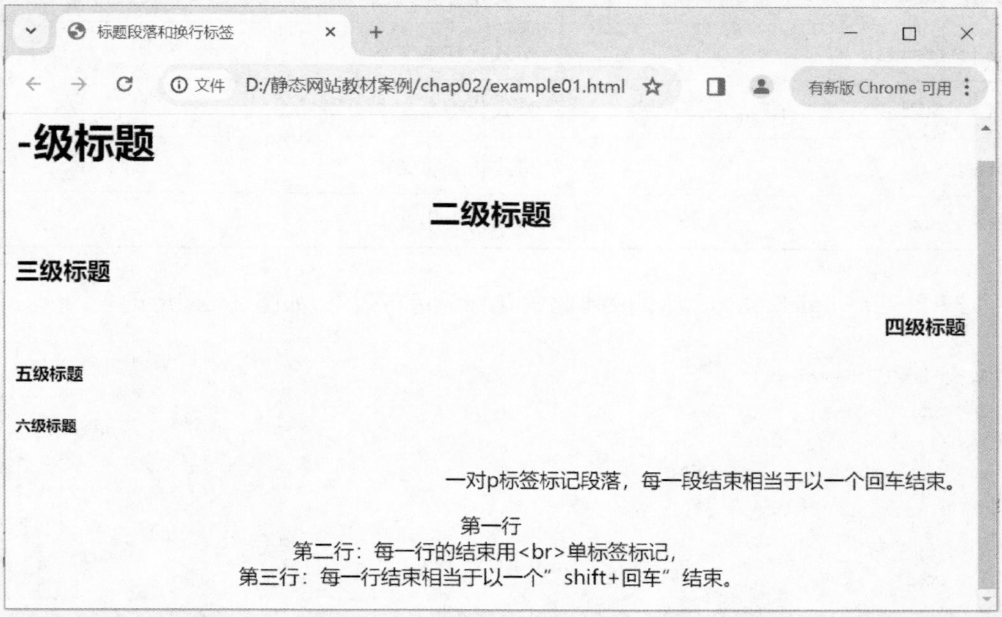

图 2 - 3　例 2 - 1 example01.html

2.2.2　行内文本格式化标签

1. 行内文本标签<span></ span>

使用 <span>来标记行内元素,以便通过样式来格式化它们。被 <span>标签素包含的文本,可以使用 CSS 对它定义样式,或者使用 JavaScript 对它进行事件处理。通常<span>没有固定的表现格式,必须通过对它应用 CSS 样式,方可实现对所包含内容的美化作用。

2. 文本格式化标签

文本格式化标签是对行内选定文本实现加粗、斜体、下划线等样式的设置,如表 2 - 3 所示。

表 2-3 文本格式化标签

标　记	显　示　效　果
`<b></b>` 和 `<strong></strong>`	文字以粗体方式显示（XHTML 推荐使用 strong）
`<i></i>` 和 `<em></em>`	文字以斜体方式显示（XHTML 推荐使用 em）
`<s></s>` 和 `<del></del>`	文字以加删除线方式显示（XHTML 推荐使用 del）
`<u></u>` 和 `<ins></ins>`	文字以加下划线方式显示（XHTML 不赞成使用 u）
`<dfn></dfn>`	格式化一个定义项目
`<code></code>`	格式化计算机代码文本
`<samp></samp>`	格式化样本文本
`<kbd></kbd>`	格式化键盘文本
`<var></var>`	格式化变量文本
`<cite></cite>`	格式化引用文本

例 2-2 example02.html 测试文本格式化标签运行效果，如图 2-4 所示。

```
1  <! DOCTYPE html>
2  <html>
3   <head>
4     <meta charset = "utf-8">
5     <title>文本格式化</title>
6   </head>
7   <body>
8     <b>粗体 1</b>和<strong>粗体 2</strong><br>
9     <i>斜体 1</i>和<em>斜体 2</em><br>
10    <s>删除线 1</s>和<del>删除线 2</del><br>
11    <u>下划线 1</u>和<ins>下划线 2</ins><br>
12    <dfn>定义项目</dfn><br>
13    <code>计算机代码</code><br>
14    <samp>样本文本</samp><br>
15    <kbd>键盘文本</kbd><br>
16    <var>变量文本</var><br>
17    <cite>引用文本</cite><br>
18   </body>
19  </html>
```

粗体1和**粗体2**
斜体1和斜体2
删除线1和删除线2
下划线1和下划线2
定义项目
计算机代码
样本文本
键盘文本
变量文本
引用文本

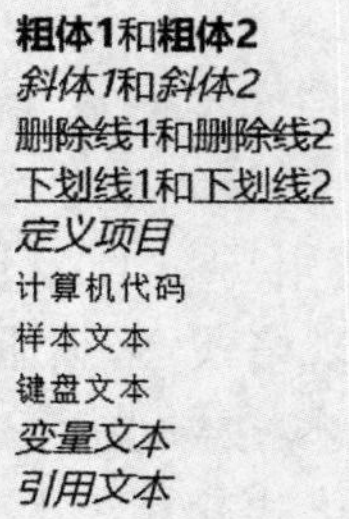

图 2-4 example02.html 效果图

2.2.3　文本样式标签

文本样式标签可以设置一些文本的字体、粗细、颜色等样式，让网页中的文字样式变得更加丰富多彩，其基本语法格式如下：<font 属性＝"属性值">文本内容</font>。

上述语法中<font>标签常用的属性有 3 个，如表 2-4 所示。

表 2-4　<font>标签的常用属性

属 性 名	含　　　义
face	设置文字的字体，例如微软雅黑、黑体、宋体等
color	设置文字的颜色
size	设置文字的大小，可以取 1～7 范围的整数值

2.2.4　特殊字符代码

特殊字符代码如表 2-5 所示。

表 2-5　特殊字符代码

特殊字符	描　　述	字符的代码	特殊字符	描　　述	字符的代码
	空格符		°	摄氏度	&deg;
<	小于号	&lt;	±	正负号	&plusmn;
>	大于号	&gt;	×	乘号	&times;
&	和号	&amp;	÷	除号	&divide;
¥	人民币	&yen;	2	平方 2（上标 2）	&sup2;
©	版权	&copy;	3	立方 3（上标 3）	&sup3;
®	注册商标	&reg;			

2.3　图　像　标　签

在网页中穿插图像可以让网页内容变得更加丰富多彩。

2.3.1　常见图像格式

（1）GIF 最突出的地方就是它支持动画，同时 GIF 也是一种无损的图像格式，也就是说修改图片之后,图片质量几乎没有损失。再加上 GIF 支持透明(全透明或全不透明),因此很适合在互联网上使用。

GIF 格式常用于 Logo、小图标及其他色彩相对单一的图像。

(2) PNG 包括 PNG - 8 和真色彩 PNG(PNG - 24 和 PNG - 32)。相对于 GIF,PNG 最大的优势是体积更小,支持 alpha 透明(全透明,半透明,全不透明),并且颜色过渡更平滑,但 PNG 不支持动画。

IE6 是可以支持 PNG - 8,但在处理 PNG - 24 的透明时会显示灰色。

(3) JPG 所能显示的颜色比 GIF 和 PNG 要多得多,可以用来保存超过 256 种颜色的图像,但是 JPG 是一种有损压缩的图像格式,这就意味着每修改一次图片都会造成一些图像数据的丢失。

小图片考虑 GIF 或 PNG - 8,半透明图像考虑 PNG - 24,类似照片的图像则考虑 JPG。

2.3.2 图像标签<img />

<img src="图像 URL" alt="替换文本" width="400px" height="300px" vspace="10" hspace="10" align="center" />

(1) src 属性用于指定图像文件的路径和文件名。

(2) alt 图像的替换文本属性,在图像无法显示时告诉用户该图片的内容。

(3) width 和 height 用来定义图片的宽度和高度,通常我们只设置其中的一个,另一个会按原图等比例显示。

(4) border 为图像添加边框、设置边框的宽度。但边框颜色的调整仅仅通过 HTML 属性是不能够实现的。

(5) HTML 中通过 vspace 和 hspace 属性可以分别调整图像的垂直边距和水平边距。

(6) align,图像的对齐属性。用于调整图像的位置。

例 2 - 3 example03.html 测试插入图像效果,如图 2 - 5 所示。

```
1 <! DOCTYPE html>
2 <html>
3  <head>
4   <meta charset = "utf-8">
5   <title>插入图片</title>
6  </head>
7  <body>
8   <img src = "images02/butterfly.jpg">
9  </body>
10 </html>
```

图 2 - 5 example03.html 页面插入图片效果图

例 2 - 4 example04.html 图文并茂页面运行效果。

```
1 <! DOCTYPE html>
2<html>
3   <head>
4      <meta charset = "utf-8">
5      <title>图文并茂</title>
6   </head>
7   <body>
8      < img src = " images02/butterfly.jpg" width = "200px" hspace = "10px" vspace = "10px" align = "
right">
9      <p><br><br>
10         <font size = "4" color = "brown" face = "楷体">蝴蝶(英文名：butterfly)：</font>鳞翅
目凤蝶总科昆虫的统称，共有 5 科 1769 属 18987 种(除去 COL 中广蝶科的 1 属 33 种);
11         在中国已有记录的蝴蝶约 2000 种,种类数量较丰富,约占全球蝴蝶总量的 1/10。蝴蝶成
虫大多数体中型至大型,两翅展开时的宽度,大都为 15～260 mm;
12     全球最大的蝴蝶是亚历山大鸟翼凤蝶(Ornithoptera alexandrae),两翅展开可达 27 cm。最小的
蝴蝶是蓝灰蝶(Everes argiades),翅展仅 7 mm。
13         蝴蝶成虫身体呈长圆柱形,分为头部、胸部、腹部三部分,具膜质翅 2 对,躯体及翅膜上均
覆盖有鳞片和细毛,从而形成不同的彩色斑纹。幼虫为毛虫式,身上通常有色斑、线纹和刺毛的分布,身
体大致呈圆柱形,由头部及 13 个体节组成。
14      </p>
15   </body>
16</html>
```

在例 2-4 中,第 8 行定义了图像<img>标签中的 hspace＝"10px" vspace＝"10px" align＝
"right"表示 hspace 水平间距为 10 px,vspace 垂直间距为 10 px,align="right"表示对齐方式居右,
三个属性同时设置,从而实现了图文并茂的效果。第 9 行段落<p>标签后面的
标签实现了
换行。第 10 行<font size＝"4" color＝"brown" face＝"楷体">中 font 标签为文本字体标签,
size="4",注意其取值为相对值,只能为 1 到 7 之间的。值越小,字越小,反之越大;color＝"
brown"表示文字为棕色;face="楷体"表示文本字体为楷体。运行该程序,效果如图 2-6 所示。

图 2-6　例 2-4 example04.html 图文并茂页面效果

2.3.3　相对路径和绝对路径

在创建网站时，通常将所有的图片存放在一个专门的文件夹中。当向网页中插入图像时，浏览器通过图像文件的存放"路径"来找到指定图像文件的位置。在 html 中通常包括绝对路径和相对路径两种方式。

绝对路径一般是指带有盘符的路径，例如"D:\静态网站设计项目\chapter02\img\logo.gif"，或完整的网络地址，例如"https://www.hangzhou2022.cn/"。

相对路径不带有盘符，通常是以当前文件为起点，通过层级关系描述目标文件的位置。下面我们根据图 2-7 中给出的目录关系，说明一下相对路径的几种情况。为了便于说明问题，我们用树形层级关系表示出来，如图 2-8 所示。

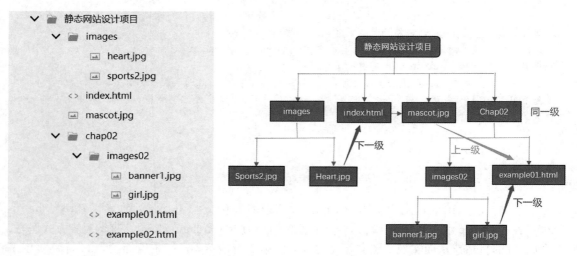

图 2-7　静态网站设计项目目录图　　　　图 2-8　静态网站设计项目相对路径图

接下来，我们根据图像文件和当前文件的位置关系，把相对路径的引用方式分为三种情况：

（1）图像文件和当前文件位于同一文件夹时，只需输入图像文件的名称即可。index.html 文件和图像文件 mascot.jpg 在同一个文件夹"静态网站设计项目"中，我们把两者叫作同一级目录下的两个文件，这时如果在 index.html 文件中插入图像文件 mascot.jpg，代码为＜img src="mascot.jpg" /＞。

（2）图像文件位于当前文件的下一级文件夹，输入文件夹名和文件名之间需要用符号"/"隔开。图像文件 heart.jpg 在当前文件 index.html 文件的下一层级目录下，此时需要借助符号"/"表现文件之间的层级关系。例如，在 index.html 页面中插入 heart.jpg，代码为＜img src="images/heart.jpg" /＞。

（3）图像文件位于当前文件的上一级文件夹时，需要在图像文件名之前加入"../"，如果是上两级，则需要使用"../../"，以此类推。图像文件 mascot.jpg 在当前文件 example01.html 文件的上一层级目录下，此时需要借助符号"../"表现文件之间的层级关系。例如，如在 example01.html 中插入 mascot.jpg，代码为＜img src="../mascot.jpg" /＞。

需要注意的是，以上文件之间的相对路径引用所包含的三种情况及引用方式，不仅是图像文件与当前文件之间的关系，还是可以用于任何类型文件之间的引用。

2.4　阶段案例——奋斗的青春

例 2-5　example05.html 实现图文并茂"奋斗的青春"网页。

```
1    <! DOCTYPE html>
2    <html>
3      <head>
4        <meta charset = "utf-8">
5        <title>奋斗的青春</title>
6      </head>
7      <body>
8        <h1 align = "center">奋斗的青春</h1>
9        <p align = "center"><time pubdate = "2024-09-06 23:35">2024 年 09 月 06 日 23:35 </time></p>
10       <hr width = "200" size = "1" color = "black" />
11       <img src = "images02/girl.jpg" align = "left" vspace = "2" hspace = "10" width = "300px">
12        <p>
13         <br>
14         孔子在<font color = "red">《论语·里仁》</font>中说："<font color = "blue">不患无位,患所以立。不患莫己知,求为可知也。</font>"
15        </p>
16       <p>         这就是告诫青年人不应为自己将会得到什么样的职位而发愁,而应该发愁的是自己有没有与这个职位相匹配的才学青年人应当像君子一样,不去担心自己得不到别人的理解,只希望能不断<b>完善自我</b>,<font
17         color = "green" size = "5" face = "楷体"><b>得于心自然能形于体</b></font>,别人自然也就知道了。</p>
18        <p>青年人应该葆青春之热情、青春之追求,以更高的要求加强自身修养,以更高的标准完成肩上的使命。尤其是在人生之初就要把第一粒扣子扣好,找到正确的人生坐标,形成正确的价值观念,然后大胆去锻炼,勇敢去尝试,让心智在风浪中逐渐成熟,让信念在追寻中日渐坚定。在工作和困难面前要多想一些"怎么干"而非犹豫"怎么办",多想一些"我来干"而非推脱"我不管"。唯有如此,方能厚积薄发,方能在真正遇到事情的时候能够担起大任,顺利完成国家和人民交给的任务。</p>
19       </body>
20     </html>
```

在例 2-5 中的代码，第 9 行的标签通过<time>指定发布时间，pubdate 属性即为发布时间的属性。第 10 行为水平线。第 11 行为插入图像的标签。运行例 2-5，example05.html，运行效果如图 2-9 所示，通过此案例实现了图文并茂的效果。

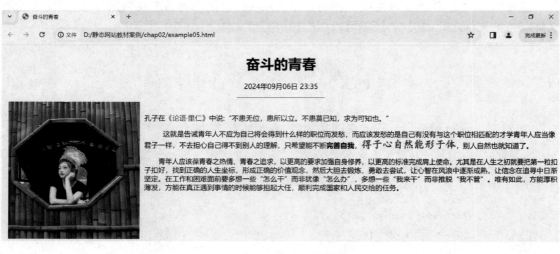

图 2－9　example05.html"奋斗的青春"页面图文并茂效果图

项目 3

使用 CSS 美化"老人与海"网页

知识目标

(1) 了解 CSS 的发展历史以及主流浏览器的支持情况。
(2) 掌握 CSS 基础选择器的使用方法。
(3) 熟悉 CSS 文本样式属性。
(4) 理解 CSS 优先级,能够区分复合选择器权重的大小。

能力目标

(1) 能够运用 CSS 选择器定义标签样式。
(2) 能够运用 CSS 文本属性定义文本样式。
(3) 能够实现通过 HTML 和 CSS 实现结构与表现相分离的页面。

素质目标

(1) 具备自律的习惯和坚持学习的精神。
(2) 具备有条理的梳理知识的能力。
(3) 具备认真细心、严谨求实的工匠精神。

随着网页制作技术的不断发展,单调的 HTML 属性样式已经无法满足网页设计的需求,开发者往往需要更多的字体选择、更方便的样式效果、更绚丽的图形动画。CSS 可以在不改变原有 HTML 结构的情况下,增加丰富的样式效果,极大地满足了开发者的需求。本章将详细讲解 CSS 及其最新版本 CSS3 的相关知识。本章内容从 CSS 规则的定义方法、CSS 引入方式、文本字体属性、文本样式属性、基础选择器、复合选择器、CSS 特性等几方面进行介绍。CSS 相关内容知识图谱如图 3-1 所示。

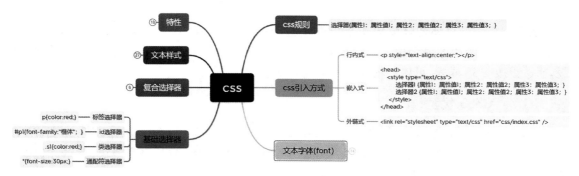

图 3-1 CSS 相关内容知识图谱

3.1 CSS 基础

本节主要讲解 CSS 基础知识，包括 CSS 定义、结构与表现相分离的网页设计原则、CSS3 的特点及优势等。

3.1.1 CSS 的定义

CSS 是一种用来表现 HTML 或 XML 等文件样式的计算机语言。CSS 不仅可以静态地修饰网页，还可以配合各种脚本语言，动态地对网页各元素进行格式化。

3.1.2 结构与表现相分离

结构与表现相分离是指在网页设计中，HTML 标签只用于搭建网页的基本结构，不使用标签属性设置显示样式。由 CSS 来设置网页元素的样式，如图 3-2 所示。

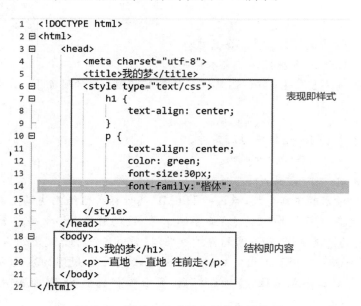

图 3-2 结构与表现分离的代码结构图

如今大多数网页都是遵循 Web 标准开发的，即用 HTML 编写网页结构和内容，而相关版面布局、文本或图片的显示样式都使用 CSS 控制。HTML 与 CSS 的关系就像人的身体与衣服，通过更改 CSS 样式，可以轻松控制网页的表现样式。

3.1.3 CSS3 优势

CSS3 是 CSS(层叠样式表)技术的升级版本，于 1999 年开始制订，2001 年 5 月 23 日 W3C 完成了 CSS3 的工作草案，主要包括盒子模型、列表模块、超链接方式、语言模块、背景和边框、文字特效、多栏布局等模块。

1. 减少开发成本与维护成本

在 CSS3 出现之前,开发人员为了实现一个圆角效果,往往需要添加额外的 HTML 标签,使用一个或多个图片来完成;而使用 CSS3 只需要一个标签,利用 CSS3 中的 border-radius 属性就能完成。这样,CSS3 技术能把人员从绘图、切图和优化图片的工作中解放出来。

CSS3 提供的动画特性,可让开发者在先实现一些动态按钮或者动态导航时远离 JavaScript,让开发人员不需要花费大量的时间去写脚本或者寻找合适的脚本插件来适配一些动态网站效果。

2. 提高页面性能

很多 CSS3 技术通过提供相同的视觉效果而成为图片的"替代品",换句话说,在进行 Web 开发时,减少多余的标签嵌套以及图片的使用数量,意味着用户要下载的内容将会更少,页面加载也会更快。另外,更少的图片、脚本和 Flash 文件能够减少用户访问 Web 站点时的 HTTP 请求数,这是提升页面加载速度的最佳方法之一。而使用 CSS3 制作图形化网站无需任何图片,极大地减少了 HTTP 的请求数量,并且提升了页面的加载速度。例如 CSS3 的动画效果,能够减少对 JavaScript 和 Flash 文件的 HTTP 请求,但可能会要求浏览器执行很多的工作来完成这个动画效果的渲染,这有可能导致浏览器响应缓慢致使用户流失。

CSS3 将完全向后兼容,所以没有必要修改设计来让它们继续运作。网络浏览器也还将继续支持 CSS2。

3.2 CSS 样式规则

要想将 CSS 样式应用于特定的 HTML 元素,首先需要找到该目标元素。在 CSS 中,对应 HTML 中目标元素的标签名、ID 名、类名等被称为选择器。

定义网页中元素的样式是通过 CSS 样式规则实现,CSS 样式规则写法如下:

选择器{属性 1:属性值 1;属性 2:属性值 2;属性 3:属性值 3;}

在上面的样式规则中,选择器用于指定 CSS 样式作用的 HTML 对象,花括号内是对该对象设置的具体样式。其中,属性和属性值以"键值对"的形式出现,用英文":"连接,多个"键值对"之间用英文";"进行区分。例如 h1{color:green;font-size:14px;},此例子的含义为针对一级标题 h1 选择器,文本颜色为绿色,字体大小为 14 px,如图 3 - 3 所示为 CSS 样式规则。

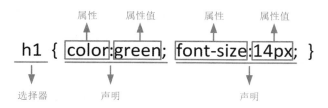

图 3 - 3 CSS 样式规则举例

3.3 CSS 文本样式

针对 HTML 文档中的文本内容，通过 CSS 样式标签及属性控制文本显示样式。本节将对常用的文本样式属性进行详细讲解。

3.3.1 字体样式

首先我们从文本字体样式入手。CSS 提供了一系列字体样式属性，如图 3-4 所示。

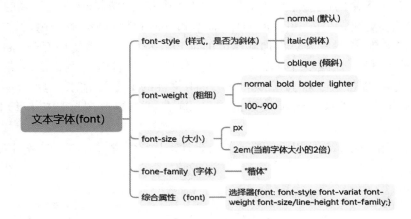

图 3-4 CSS 字体样式思维导图

例 3-1 example01.html CSS 字体样式 font 相关属性和属性值代码。

```
1<! DOCTYPE html>
2<html>
3  <head>
4  <meta charset = "utf-8">
5  <title>字体样式 font 相关属性和属性值</title>
6  <style type = "text/css">
7    cite {
8      font-style: italic;/* 字体斜体 */
9    }
10   @font-face {/* 自定义字体 */
11     font-family: jz;/* 字体名称为"jz" */
12     src: url(fonts/FZJZJW.TTF);/* 服务器字体路径 */
13   }
14   p {
15     text-align: center;
16     font-variant: small-caps;/* font-variant 可以影响小写字母的显示形式 */
17     line-height: 2em;/* 行高 2 倍的当前字体大小 */
18     font-family: jz;/* 字体为 jz */
```

```
19          }
20          span {
21            font-weight：bolder;/* 字体为较粗字体 */
22            font-size：1em;/* 字体大小为当前字体 1 倍大小 */
23          }
24          #p2 {
25            font：italic small-caps bold 40px/1em "楷体";/* 综合设置字体 */
26          }
27        </style>
28      </head>
29      <body>
30        <p>千里之行,始于足下。<br>
31          <cite>————老子《老子》</cite><br>
32          A thousand mile trip begins with one step.
33        </p>
34      <p id = "p2">水(water)之积(accumate)也不厚(thick),则其负大舟(大写 BOAT)也无力
(strength)。<br>
35          <cite>————庄周《<span>北冥有鱼</span>》</cite>
36        </p>
37      </body>
38</html>
```

在例 3-1 中第 8 行中 font-style：italic;表示字体倾斜。属性 font-style 用于定义字体风格,可设置为斜体 italic、倾斜 oblique 或正常字体 normal,其中 italic 和 oblique 都用于定义斜体,两者在显示效果上并没有本质区别,但 italic 是使用了文字本身的斜体属性,oblique 是针对没有斜体属性的文字做倾斜处理。

第 16 行中 font-variant：small-caps;浏览器会显示小型大写字母的字体。属性 font-variant 用于设置文本为小型大写字母。

第 17 行中 line-height 指的是行高为当前字体的 2 倍。

第 18 行中 font-family：jz;字体名称为 jz 。需要注意这里的字体"jz"是自定义的字体名称。这里提到一个新的知识点,请看第 10 行到第 13 行中自定义字体代码:

```
@font-face {/* 自定义字体 */
        font-family：jz;/* 字体名称为"jz" */
        src：url(fonts/FZJZJW.TTF);/* 服务器字体路径 */
    }
```

自定义字体@font-face 规则包括两个属性,一个是字体名称属性 font-family,属性值是自定义字体的名称;一个是字体路径属性 src,属性值需要指向下载的服务器字体的相对路径。

第 21 行属性 font-weight：bolder;用于设置字体为较粗字体。

第 22 行属性 font-size：1em;设置字体大小为当前字体 1 倍大小。

第 25 行使用综合属性 font：italic small-caps bold 40px/1em "楷体";综合设置字体为斜

体、小型大写字母、加粗、字体大小 40 px，行高为 1em，即 40 px。

使用 font 综合属性综合设置文本字体，其基本语法格式如下：选择器｛font：font-style font-weight font-size/line-height font-family｝；需要注意 font 属性用于对字体样式进行设置时，必须按上面语法格式中的顺序书写，各个属性以空格隔开。运行效果如图 3-5 所示。

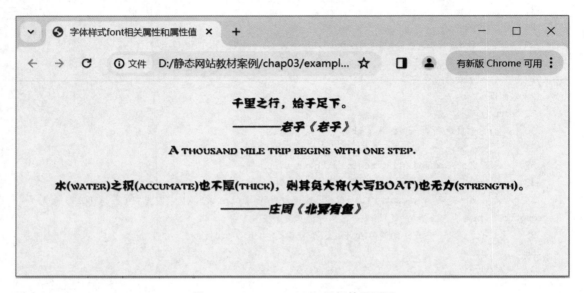

图 3-5　example01.html 运行效果页面

3.3.2　CSS 文本样式

CSS 提供了一系列的文本外观样式属性，用于对文本的样式进行设置。下面进行详细的介绍。

1. color：文本颜色

color 属性用于定义文本的颜色，其取值方式有如下 3 种。

（1）预定义的颜色值，如 red、green、blue 等。

（2）十六进制，如＃FF0000、＃FF6600、＃29D794 等。实际工作中，十六进制是最常用的定义颜色的方式。

（3）RGB 代码，如红色可以表示为 rgb(255,0,0)或 rgb(100％,0％,0％)。

例如，我们要把一级标题<h1>设置为橘色，可以书写以下代码：p｛color：orange；｝

2. letter-spacing：字间距

letter-spacing 属性用于定文字间距，所谓字间距就是字符与字符之间的空白。其属性值可为不同单位的数值。定义字间距时，允许使用负值，默认属性值为 normal。如下面的代码分别为 h4 和 h5 定义不同的字间距：

h4｛letter-spacing：30px；｝

h5｛letter-spacing：2em；｝

3. word-spacing：单词间距

word-spacing 属性用于定义英文单词之间的间距，对中文字符无效。和 letter-spacing 一样,其属性值可为不同单位的数值,允许使用负值,默认为 normal。

4. line-height:行间距

line-height 属性用于设置行间距,所谓行间距就是行与行之间的距离,即字符的垂直间距,一般称为行高。背景颜色的高度即为这段文本的行高。

line-height 常用的属性值单位有 3 种,分别为像素 px、相对值 em 和百分比%。

5. text-transform:文本转换

text-transform 属性用于控制英文字符的大小写,其可用属性值如下。

none:不转换(默认值)

capitalize:首字大写

uppercase:全部字符转换为大写

lowercase:全部字符转换为小写

6. text-decoration:文本装饰

text-decoration 属性用于设置文本的下画线、上画线、删除线等装饰效果,其可用属性值如下。

none:没有装饰(正常文本默认值)

underline:下画线

overline:上画线

line-through:删除线

text-decoration 后可以赋多个值,用于给文本添加多种显示效果,例如希望文字同时有下画线和删除线效果,可以将 underline 和 line-through 同时赋给 text-decoration。

7. text-align:水平对齐方式

text-align 属性用于设置文本内容的水平对齐。

left:左对齐(默认值)

right:右对齐

center:居中对齐

8. text-indent:首行缩进

text-indent 属性用于设置首行文本的缩进,其属性值可为不同单位的数值、em 字符宽度的倍数或相对于浏览器窗口宽度的百分比%,允许使用负值,通常使用 em 作为设置单位。

9. white-space:空白符处理

使用 HTML 制作网页时,不论源代码中有多少空格,在浏览器中只会显示一个字符的空白。在 CSS 中,使用 white-space 属性可设置空白符的处理方式,其属性值如下所示。

(1) normal:常规(默认值)文本中的空格、空行无效,满行(到达区域边界)后自动换行。

(2) pre:预格式化,按文档的书写格式保留空格、空行,原样显示。

(3) nowrap:空格空行无效,强制文本不能换行,除非遇到换行标签
。内容超出元素的边界也不换行,若超出浏览器页面则会自动增加滚动条。

10. text-shadow:阴影效果

text-shadow 是 CSS3 新增属性,使用该属性可以为页面中的文本添加阴影效果。text-shadow 属性的基本语法格式如下:

选择器{text-shadow:h-shadow v-shadow blur color;}

在上面的语法格式中，h-shadow 用于设置水平阴影的距离，v-shadow 用于设置垂直阴影的距离，blur 用于设置模糊半径，color 用于设置阴影颜色。

为了方便记忆，下面的 CSS 思维导图对 CSS 文本样式进行了梳理，如图 3-6 所示。

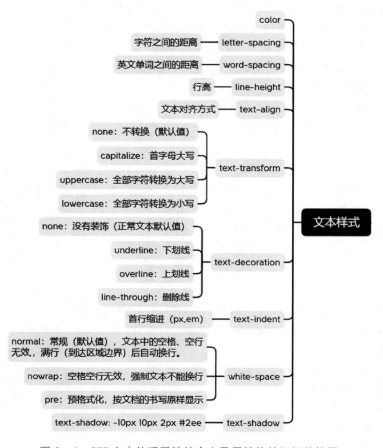

图 3-6　CSS 文本外观属性的含义及属性值的知识结构图

例 3-2　example02.html "《老人与海》片段文本样式"设置案例。

```
1<! DOCTYPE html>
2<html>
3  <head>
4    <meta charset = "utf-8">
5    <title>《老人与海》片段文本样式</title>
6    <style type = "text/css">
7      h1 {
8        text-align: center;
9        text-shadow: -10px 10px 2px ♯2ee, 5px 5px 2px ♯992;
10        /* 文本阴影是水平向左 10px 距离，
```

```
11          垂直向下 2px 距离,
12          模糊半径为 2px,
13          淡蓝色阴影;
14          同时文本阴影是水平向右 5px 距离,
15          垂直向下 5px 距离,
16          模糊半径为 2px,
17          土黄色阴影; */
18      }
19      h2,p {
20          text-align: center;
21      }
22      h3 {
23          color: #009000;
24          text-align: center;
25      }
26      h5 {
27          color: rgb(100, 100, 0);
28          text-align: center;
29      }
30      #p1 {
31          color: rgb(50%, 0%, 50%);
32      }
33      #p1 {
34          white-space: normal;
35          /* 换行 */
36      }
37      #p1 span {
38          letter-spacing: 2em;
39          /* 2 个字符间距 */
40      }
41      #p2 {
42          white-space: nowrap;
43          /* 不换行 */
44      }
45      #p3 {
46          white-space: pre;
47          /* 预定义 */
48          color: red;
49      }
50      /* 文本居中对齐 */
51      #p4 {
52          font-size: 20px;
53          font-family: "楷体";
54          word-spacing: 2em;
```

```
55          }
56      </style>
57  </head>
58  <body>
59      <h1>老人与海</h1>
60      <h2>The Old Man and the Sea</h2>
61      <h5>【美】海明威 著</h5>
62
63      <h3>老人与海片段 1</h3>
64      <p id="p1">那鱼正用它的长嘴<span>撞击(impact)</span>鱼钩和鱼线之间的钢丝,
他想。
65          这是必然要发生的。</p>
66      <p id="p2">它不得不这么干。
67          这也许会让它跳起来,而我现在倒情愿它接着转圈。
68          为了透气它必须跳出水面。(In order to breathe, it must jump out of the water)</p>
69      <p id="p3">
70          但是它每跳一次,
71          鱼钩造成的伤口就会裂开得更宽一些,
72          最后它就有可能甩脱鱼钩。
73      </p>
74      <h3>老人与海片段 2</h3>
75      <p id="p4">他拔下桅杆,把帆卷起来,扎好。然后他扛起桅杆,向岸上爬去。
76          现在他才知道自己有多累。(Now he realizes how tired he is)</p>
77      <p id="p5">他驻足片刻,回头看去,在街灯反射过来的光线下,他看见那条大鱼的尾巴,壮
观地竖立在小船的船尾后面。<br>
78          他看见那鱼的脊骨像一条裸露的白线,还有黑暗一团的头部和向前伸出的细长的尖嘴,
<br><span>而在头尾之间,那鱼已是空无一物。<br>(And between the head and tail, the fish was
already empty)<span></p>
79  </body>
80</html>
```

在例 3-2 的第 9 行 text-shadow:-10px 10px 2px ♯2ee,5px 5px 2px ♯992;标题 1"老人与海"由两个不同样式的文本阴影组成:一个是文本的阴影是水平向左 10 px 距离,垂直向下 2 px 距离,模糊半径为 2 px,淡蓝色阴影;另一个是文本阴影是水平向右 5 px 距离,垂直向下 5 px 距离,模糊半径为 2 px,土黄色阴影。第 23、27、31 行如 color:♯009000;color:rgb(100, 100, 0); color:rgb(50%, 0%, 50%);表示了文本的不同颜色,注意他们的表现形式不同,分别用十六进制,rgb()函数两种不同参数形式,三个参数取值为 0～255 或者均为百分比。第 38 行 letter-spacing:2em;文字间距为 2 倍当前字体大小。第 34 行 white-space:normal;段落♯p1 为默认格式。第 42 行 white-space:nowrap;段落♯p2 不换行。第 45 行♯p32{white-space:pre;}段落♯p3 为预定义格式。第 54 行 word-spacing:2em;单词间距为 2 个英文单词大小。运行效果图如图 3-7 所示。

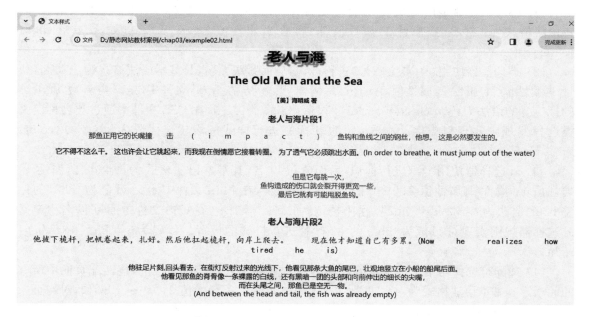

图 3 - 7　example02.html 运行效果页面

3.4　基 础 选 择 器

如何将 CSS 样式指定到 HTML 结构的特定标签或者元素,进行样式的美化呢? 这里我们通过 CSS 中"选择器"指向 HTML 标签目标元素。通常,在 CSS 中,我们把指向目标元素的标签、类名、id 名称作为选择器。我们通过定义规则的方法对选择器设置其属性和属性值来表现网页中元素的相关样式。CSS 规则定义的语法结构为:

选择器{属性 1:属性值 1;属性 2:属性值 2;属性 3:属性值 3;……}

在 CSS 中的选择器根据其类型,分为基础选择器和复合选择器。本小节我们主要来讲解基础选择器,基础选择器主要包含四种类型:标签选择器、类选择器、id 选择器、通配符选择器,如图 3-8 所示。对它们的具体解释如下。

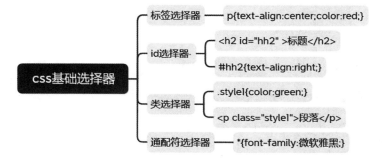

图 3 - 8　四种 css 基础选择器知识结构图

（1）标签选择器是指用 HTML 标签名称作为选择器，对指定标签设置其 CSS 样式。基本语法格式为：标签名｛属性 1：属性值 1；属性 2：属性值 2；……｝。例如，p｛text-align：center；color：red；｝。

（2）类选择器使用"."（英文点号）进行标识，后面紧跟类名，其基本语法格式为：.类名｛属性 1：属性值 1；属性 2：属性值 2；……｝。例如，第一步，在 html 文件中，定义类名为"style1"的标签 p 的语法为：<p class＝"style1">段落</p>。第二步，在 CSS 文件中通过类名称定义类选择器规则实现对类名为"style1"的 p 标签进行样式的设置。代码为：.style1｛color：green；｝。

（3）id 选择器使用"＃"进行标识，后面紧跟 id 名，其基本语法格式为：＃id 名｛属性 1：属性值 1；属性 2：属性值 2；……｝。例如，第一步，在 html 文件中定义 id 值为"hh2"的标签 h2 的语法为：<h2 id＝"hh2">岳阳楼记</h2>。第二步，在 CSS 文件中通过 id 名称定义 id 选择器规则实现对 id 值为"hh2"的 h2 标签进行样式的设置。代码为：＃hh2｛text-align：right；｝。

（4）通配符选择器用"＊"号表示，它是所有选择器中作用范围最广的，能匹配页面中所有的元素。其基本语法格式为：＊｛属性 1：属性值 1；属性 2：属性值 2；……｝。例如，对网页中所有元素设置其字体为微软雅黑。代码为：＊｛font-family："微软雅黑"；｝。

例 3-3　example03.html 测试基础选择器对目标元素的影响情况。

```
1<! DOCTYPE html>
2<html>
3  <head>
4    <meta charset = "utf-8">
5    <title>基础选择器</title>
6    <style type = "text/css">
7      * {   font-family: "微软雅黑";/* 通配符选择器 */
8            letter-spacing:1em;
9      }
10     h1 {text-align: center;/* h1 标签选择器 */
11       color: #002200;
12     }
13     p {color: red;/* p标签选择器 */
14     }
15     h2 {color: orange;/* h2 标签选择器 */
16     }
17     h3 {color: yellow;/* h3 标签选择器 */
18     }
19     h4 {color: purple;/* h4 标签选择器 */
20     }
21     h5 {color: pink;/* h5 标签选择器 */
22     }
23     h6 {color: brown;/* h6 标签选择器 */
24     }
25     .s2 {font-size: 50px;/* 类名为.s2 类选择器 */
```

```
26        font-family: "华文行楷";
27        color: rosybrown;
28      }
29    .s3 {text-align: right;/* 类名为.s3 类选择器 */
30      color: blue;
31      }
32    #h13 {font-weight: 900;/* id名为#h13 的 id选择器 */
33        color: blueviolet;
34      }
35    #p3{color: greenyellow;/* id名为#p3 的 id选择器 */
36        font-family: "楷体";
37        font-size: 40px;
38      }
39    </style>
40  </head>
41  <body>
42    <h1>一级标题 1</h1>
43    <h1 class = "s2">一级标题 2</h1><! -- 定义类名为"s2" -->
44    <h1 class = "s3">一级标题 3</h1><! -- 定义类名为"s3" -->
45    <h1 class = "s3">一级标题 4</h1><! -- 定义类名为"s3" -->
46    <h1 class = "s3">一级标题 5</h1><! -- 定义类名为"s3" -->
47    <h1>一级标题 6</h1>
48    <h2>二级标题 1</h2>
49    <h2 class = "s2">二级标题 2</h2>
50    <h3>三级标题 1</h3>
51    <h3>三级标题 2</h3>
52    <h4>四级标题 1</h4>
53    <h5>五级标题 1</h5>
54    <h6>六级标题 1</h6>
55    <p>段落 1</p>
56    <p class = "s2">段落 2</p><! -- 定义类名为"s2" -->
57    <p id = "p3">段落 3</p><! -- 定义 id名为"p3" -->
58    <p id = "h13">段落 4</p><! -- 定义 id名为"h13" -->
59    <p>段落 5</p>
60    <p>段落 6</p>
61  </body>
62</html>
```

在例 3-3 中 example03.html 中在第 41 行之后通过<body></body>标签定义的是网页的主体结构。在第 43 行为 1 级标题 h1,通过属性 class="s2"定义其类名为 s2。

在第 44、45、46 行中为 1 级标题 h1,通过属性 class="s3"定义其类名为 s3。

在第 49 行为二级标题 h2,通过属性 class="s2"定义其类名为 s2;在第 56 行为段落 p,通过属性 class="s2"定义其类名为 s2。

在第 57、58 行分别为段落 p 通过 id="p3", id="h13"分别定义段落 p 的 id 值为"p3"和"h13"。

从第 6 行到第 39 行通过<style></style>定义 CSS 样式。

从第 7 行到第 9 行定义通配符选择器 * {font-family："微软雅黑"；letter-spacing：1em；}设置网页中所有元素字体均为"微软雅黑"，字符间距均为 1 个字符大小。

从第 10 行到第 24 行，针对标签 h1、p、h2、h3、h4、h5、h6 定义标签选择器，设置其 CSS 样式。比如 CSS 规则：h1 {text-align：center； color：♯002200；}设置标签 h1 的样式为文本居中对齐，文本颜色为♯002200。

从第 25 行到第 28 行定义类选择器.s2 的 CSS 规则为：.s2 {font-size：50px； font-family："华文行楷"；color：rosybrown；}其含义是所有类名为 s2 的标签元素，其字体大小均为50 px，字体为华文行楷，文本颜色为玫瑰棕色。与 html 结构的主体代码的第 49 行和 56 行相匹配。

从第 29 行到第 31 行，定义 CSS 规则：.s3 {text-align：right； color：blue；}，其样式为文本居右对齐，蓝色，作用于 html 主体部分的第 44、45、46 的标题 h1。

从第 32 行到第 34 行定义 id 选择器"♯h13"规则为：♯h13 {font-weight：900；color：blueviolet；}字体粗细 900，颜色为蓝紫色。作用于第 58 行的 html 代码。

从第 35 行到第 38 行定义 id 选择器"♯p3"的 CSS 规则为：♯p3 {color：greenyellow；font-family："楷体"；font-size：40px；}设置其样式为黄绿色、楷体、40 px 大小。作用于第 57行的 html 代码指定的 id 值为"p3"的段落元素。运行效果如图 3 - 9 所示。

图 3 - 9　example03.html 页面效果图

3.5　CSS 引入方式

通过在 HTML 中引入 CSS 样式表的方式引入 CSS 规则，实现对 HTML 中元素的修饰。

CSS 提供四种引入方式：行内式、内嵌式、外链式、导入式，如图 3‑10 所示。接下来对这四种引用方式进行详细的讲解。

图 3‑10　CSS 引入方式思维导图

3.5.1　行内式

行内式也称为内联样式，是通过标签的 style 属性来设置元素的样式，其基本语法格式如下：

<标签名 style＝"属性 1：属性值 1；属性 2：属性值 2；……">内容 </标签名>

例如：< span style ＝" font-family：华文行楷；color：red；font-size：40px；" > 新 发 展 </span>

请看例题 3‑4。

例 3‑4　example04.html 测试 CSS 行内式。

```
1    <! DOCTYPE html>
2    <html>
3      <head>
4         <meta charset = "utf-8">
5            <title>行内式</title>
6      </head>
7      <body>
8       <p>他所有的一切都是苍老的,
9           只有他那双<span style = "font-family:华文行楷;color:red;font-size:40px;">眼睛
     </span>除外。
10          他的眼睛蓝得像海水,欢快而不屈。</p>
11      <p>只要自己有足够的<span style = "color:blue;">决心</span>,
12          就能<span style = "color:green;">打败</span>所有人。</p>
13       <p>有好运气当然好。可我宁愿做到准确无误。这样,当好运来临时,你已经准备好了
     </p>
14     </body>
15    </html>
```

在例 3‑4 中的第 9 行标签< span style ＝" font-family：华文行楷；color：red；font-size：40px；">眼睛</span>中，对文本"眼睛"通过对 span 标签使用属性 style 赋值的方式引用 CSS 行内式。设置其字体为华文行楷，文本颜色为红色，字体大小为 40 px。

在第 11 行标签< span style ＝" color：blue；">决心</span>和第 12 行< span style ＝

"color:green;">打败</span>,分别在标签 span 中定义了 style 属性,设置"决心"文本颜色为蓝色,"打败"文本颜色为绿色。运行效果如图 3-11 所示。

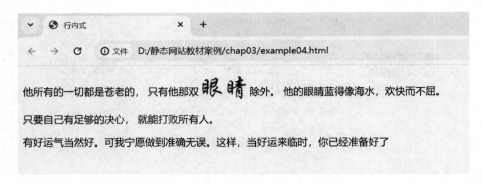

<p align="center">图 3-11 example04.html 页面效果图</p>

3.5.2 内嵌式

内嵌式是将 CSS 代码集中写在 HTML 文档的<head>头部标签中,并且用<style>标签定义,其基本语法格式如下:

```
<head>
<style type = "text/css">
选择器 {属性 1:属性值 1; 属性 2:属性值 2; ……}
</style>
</head>
```

例 3-5 example05.html 内嵌式 CSS 样式,其运行效果如图 3-12 所示。

```
1  <! DOCTYPE html>
2  <html>
3    <head>
4      <meta charset = "utf-8">
5      <title>内嵌式</title>
6      <style type = "text/css">
7        /* 内嵌式 */
8        p {
9           text-indent: 2em;
10          color: green;
11          white-space: pre;
12        }
13      </style>
14    </head>
15    <body>
16      <h1>老人与海 </h1>
17      <p>
```

```
18          现在不是去想你缺少什么的时候。想想拿你现有的东西能够做什么吧。
19      </p>
20      <p>大海既仁慈又美丽,可是她也会突然就变得极其残酷。</p>
21      <p>人可以被毁灭,但不能被打败。</p>
22      <p>
23          他驻足片刻,
24          回头看去,
25          在街灯反射过来的光线下,
26          他看见那条大鱼的尾巴,
27          壮观地竖立在小船的船尾后面。
28          他看见那鱼的脊骨像一条裸露的白线,
29          还有黑暗一团的头部和向前伸出的细长的尖嘴,
30          而在头尾之间,那鱼已是空无一物。
31          (And between the head and tail, the fish was already empty)
32      </p>
33  </body>
34</html>
```

图 3-12　example05.html 页面效果图

3.5.3　外链式

外链式是将所有的样式放在一个或多个以.css 为扩展名的外部样式表文件中,通过<link />标签将外部样式表文件链接到 HTML 文档中,其基本语法格式如下:

```
<head>
<link href = "CSS 文件的路径" type = "text/css" rel = "stylesheet" />
</head>
```

例 3－6　example06.html 外链式 CSS 样式。

由 example06.html 、style1.css 和 style2.css 三个文件组成。通过外链式 CSS 文件方法，将 style1.css 和 style2.css 两个文件引入 example06.html 中，对网页文档中的元素进行样式的美化。完成此例题，请同学们认真按照以下五个步骤一步步完成，从而理解外链式 CSS 文件的实现步骤。

步骤一：在 chap03 文件夹下创建文件 example06.html，此代码中用于构造网页基本内容和结构，代码如下：

```
1  <! DOCTYPE html>
2  <html>
3  <head>
4    <meta charset = "utf-8">
5    <title>外链式</title>
6    <link rel = "stylesheet" type = "text/css" href = "style1.css" /><! -- 外链式 -->
7    <link rel = "stylesheet" type = "text/css" href = "style/style2.css"/><! -- 外链式 -->
8  </head>
9  <body>
10    <h1>老人与海 </h1>
11    <p id = "p1">
12      现在不是去想你缺少什么的时候。想想拿你现有的东西能够做什么吧。
13    </p>
14    <p id = "p2">大海既仁慈又美丽,可是她也会突然就变得极其残酷。</p>
15    <p id = "p3">人可以被毁灭,但不能被打败。</p>
16    <p id = "p4">
17      他驻足片刻,回头看去,在街灯反射过来的光线下,他看见那条大鱼的尾巴,壮观地竖立在
小船的船尾后面。
18      他看见那鱼的脊骨像一条裸露的白线,
19      还有黑暗一团的头部和向前伸出的细长的尖嘴,
20      而在头尾之间,那鱼已是空无一物。
21      (And between the head and tail, the fish was already empty)
22    </p>
23  </body>
24  </html>
```

步骤二：首先，在 chap03 文件夹下创建 style1.css 文件；然后在 chap03 下创建 style 文件夹；接着，在 style 文件夹下创建 style2.css 文件。注意两个 CSS 文件的不同位置，引用时需要按照相对路径规则进行引用，如图 3－13 所示。

步骤三：在 example06.html 中第 5 行的后面输入样式文件 style1.css 和 style2.css。实现对 html 内容的美化。代码如下：

```
    <link rel = "stylesheet" type = "text/css" href = "style1.
css" /><! -- 外链式 -->
    <link rel = "stylesheet" type = "text/css" href = "style/
style2.css"/><! -- 外链式 -->
```

步骤四：在 style1.css 文件中输入 css 规则，代码如下：

```
1    h1{font-family: "楷体";}
2    p{color: #0000ff;}
```

步骤五：在 style2.css 文件中输入 css 规则，代码如下：

```
1    #p3,#p4{text-indent: 2em;color: forestgreen;white-
space: pre;}
```

最后运行 example05.html 代码,其效果图如图 3 - 14
所示。

图 3 - 13   chap03 目录

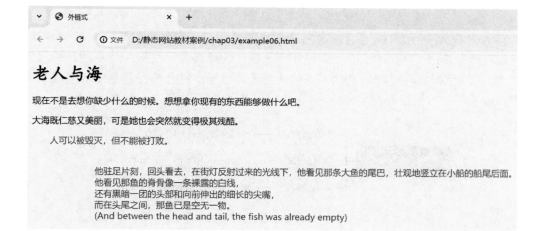

图 3 - 14   example06.html 页面效果图

3.5.4   导入式

导入式针对外部样式表文件。对 HTML 头部文档应用 style 标签,并在<style>标签内的
开头处使用@import 语句,即可导入外部样式表文件。其基本语法格式如下：

```
<style type = "text/css" >
@import url(css 文件路径);或 @import "css 文件路径";
   /* 在此还可以存放其他 CSS 样式 */
</style>
```

例如,我们将例 3-6 中第三步修改为:

在 example06.html 中第 6、7 行改为导入样式文件 style1.css 和 style2.css 代码,实现对 html 内容的美化。代码如下:

(1) 导入 style1.css 文件。(使用格式一)

```
<style type = "text/css" >
@import url(style1.css);
</style>
```

(2) 导入 style2.css 文件。(使用格式二)

```
<style type = "text/css" >
@import "style/style2.css";
</style>
```

3.6　CSS 复合选择器

书写 CSS 样式表时,可以使用 CSS 基础选择器选中目标元素。但是在实际网站开发中,一个网页可能包含成千上万的元素,仅使用 CSS 基础选择器是无法指向特定的目标元素。为此 CSS 提供了几种复合选择器,实现了更精准的选择功能。复合选择器是由两个或多个基础选择器通过不同的方式组合而成的,通常包括以下几种形式,如图 3-15 所示。

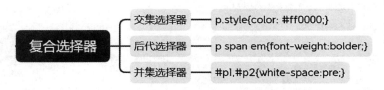

图 3-15　css 复合选择器分类图

1. 标签指定式选择器

标签指定式选择器又称交集选择器,由两个选择器构成,其中第一个为标签选择器,第二个为 class 选择器或 id 选择器,两个选择器之间不能有空格,如 h3.special{text-align:right;} 或 p♯one{text-indent:2em;}。

2. 后代选择器

后代选择器用来选择元素或元素组的后代,其写法就是把外层标签写在前面,内层标签写在后面,中间用空格分隔。当标签发生嵌套时,内层标签就成为外层标签的后代。如 p span strong{font-family:"微软雅黑"};

3. 并集选择器

并集选择器是各个选择器通过逗号连接而成的,任何形式的选择器都可以作为并集选择器的一部分。若某些选择器定义的样式完全或部分相同,可利用并集选择器为它们定义相同

的样式。如 h1,p{color:red;}

例 3 - 7　example07.html 测试交集选择器、后代选择器、并集选择器的作用及含义。运行效果如图 3 - 16 所示。

```
1    <! DOCTYPE html>
2    <html>
3      <head>
4        <meta charset = "utf-8">
5        <title>复合选择器</title>
6        <style type = "text/css">
7          /* 交集选择器 */
8          p.style{
9            color: #ff0000;
10             font-size: 40px;
11             font-family: "华文行楷";
12           }
13           /* 并集选择器 */
14           #p2,#p3 {
15             text-decoration: underline;
16           }
17           /* 后代选择器 */
18           p span i {
19             color: red;
20             font-size: 40px;
21           }
22           /* 后代选择器 */
23           p span em {
24             color: green;
25             font-size: 40px;
26           }
27        </style>
28      </head>
29      <body>
30        <h1>老人与海 </h1>
31        <p id = "p1" class = "style">他所有的一切都是苍老的,
32            只有他那双眼睛除外。
33            他的眼睛蓝得像海水,欢快而不屈。</p>
34        <p id = "p2">只要自己有足够的决心,
35              就能打败所有人。</p>
36        <p>有好运气当然好。<span>可我宁愿做到<i>准确无误<i><span>。这样,<span>当
好运来临时,你已经<em>准备好了</em></span></span></p>
37        <p id = "p3">
38            现在不是去想你缺少什么的时候。想想拿你现有的东西能够做什么吧。
39        </p>
40        <p id = "p4">大海既仁慈又美丽,可是她也会突然就变得极其残酷。</p>
41        <p id = "p5">人可以被毁灭,但不能被打败。</p>
```

```
42        <p id = "p6">
43          他驻足片刻,回头看去,在街灯反射过来的光线下,他看见那条大鱼的尾巴,壮观地竖
立在小船的船尾后面。
44          他看见那鱼的脊骨像一条裸露的白线,
45          还有黑暗一团的头部和向前伸出的细长的尖嘴,
46          <span>而在头尾之间,那鱼已是<i>空无一物<i>。</span>
47          (And between the head and tail, the fish was already empty)
48        </p>
49      </body>
50    </html>
```

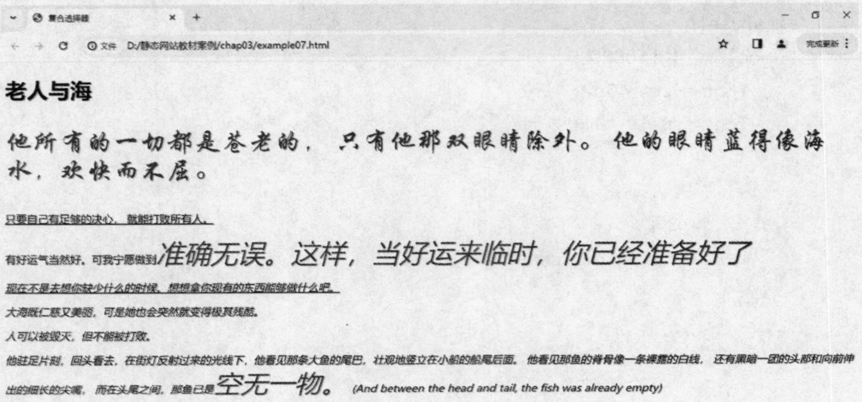

图 3 - 16　example07.html 层叠性继承性优先级页面效果图

3.7　CSS 特性

通过前面的学习,我们已经掌握了 CSS 样式的选择器、规则和属性,对某一个目标元素的样式,我们可能会建立多个规则,甚至出现层叠设置的情况,那么究竟我们的目标元素适合呈现哪种样式呢? 本小节我们具体研究一下 CSS 的层叠性、继承性和优先级等特性,如图 3 - 17 所示。

3.7.1　层叠性和继承性

层叠性:是指多种 CSS 样式的叠加。
继承性:是指书写 CSS 样式表时,子标签会继承父标签的某些样式,如文本颜色和字号。
下面的属性不具有继承性:边框属性、内/外边距属性、背景属性、元素宽高属性、定位属性、布局属性等。

3.7.2　优先级

基本标签权重为 0,类的权重为 10,id 的权重 100。
在考虑权重时,初学者还需要注意一些特殊的情况,具体如下:

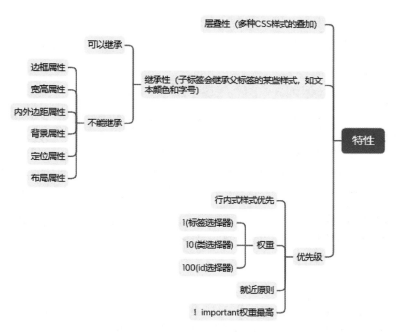

图 3 - 17　CSS 层叠性、继承性和优先级的知识体系图

继承样式的权重为 0。

行内样式优先。

权重相同时，CSS 遵循就近原则。

CSS 定义了一个！important 命令，该命令被赋予最大的优先级。

例 3 - 8　example08.html 测试 CSS 层叠性、继承性和优先级等特性。

```
1<! DOCTYPE html>
2<html>
3  <head>
4    <meta charset = "utf-8">
5    <title>层叠性 & 继承性 & 优先级</title>
6    <style type = "text/css">
7        .s2 {
8      font-family: "楷体";
9      background: yellow ! important;/* ! important 权重最大 */
10     }
11    .s1 {/* 类选择器权重 10; */
12       color: red;
13       background: pink;
14     }
15    #p1 {/* id选择器权重 100 */
16       font-size: 20px;
17       background: greenyellow
18     }
```

```
19      body {
20        font-weight: 900;
21      }
22    </style>
23  </head>
24  <body>
25    <p class = "s1" id = "p1" style = "background:orange">金无足赤，人无完人。</p><! --
注意行内式的优先级 -->
26    <p  class = "s2" >完人是很少的，我不希望大家做一个完人，</p>
27    <p class = "s1" id = "p1">大家要充分发挥自己的优点，做一个有益于社会的人。</p>
28    <p>我们为修炼一个完人，抹去了身上许多的棱角，自己的优势被压抑了，成为一个被驯服的
工具。</p>
29    <p>我希望把你的优势发挥出来，贡献于社会，贡献于集体，贡献于我们的事业。</p>
30    <p class = "s1">每个人的优势加在一起，就可以形成一个具有"完人"特质的集体。</p>
31  </body>
32</html>
```

在例 3-8 中，第 9 行中在 background：yellow 的后面使用"！important"，使得第 26"完人是很少的，我不希望大家做一个完人"背景色为黄色的权重最大。

在第 25 行中 style="background:orange"是行内式的 CSS 样式，优先级最高，因此文本"金无足赤，人无完人。"背景色为橘色。

在第 27 行中，id="p1"的优先级高于 class="s1"因此，背景色取自第 17 行的代码：♯p1 {background：greenyellow}，文本为"大家要充分发挥自己的优点，做一个有益于社会的人。"背景色为黄绿色。另外在第 27 行中，<p class="s1" id="p1">除了针对同一属性 background 的优先级取自于优先级高的 id 属性；同时，包括.s1 和 ♯p1 所定义的全部属性的叠加，即.s1 {color：red;}和♯p1 {font-size：20px;}使得文本字体颜色为红色，字体大小 20 px。

在第 30 行中 class="s1"，对应于第 13 行.s1{ background：pink;}的背景色为粉色。

分析之后，大家请看一下例 3-7 的运行效果，如图 3-18 所示。

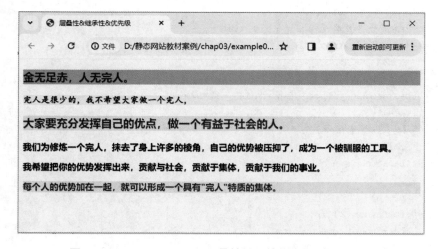

图 3-18　example08.html 层叠性继承性优先级页面效果图

3.8 阶段案例——老人与海

例 3-9 example09.html 使用"html+CSS 结构"与表现相分离的方式实现"老人与海"页面效果,其运行效果如图 3-19 所示。

```
1<! DOCTYPE html>
2<html>
3  <head>
4    <meta charset = "utf-8">
5    <title>老人与海</title>
6    <style type = "text/css">
7      h1{text-align:center;}
8      p.style{
9        color：#ff0000;
10         font-size：40px;
11         font-family："华文行楷";
12       }
13      p{text-indent:2em;font-family:"楷体";}
14      #p5 {
15         font-size:40px;
16         font-weight:bloder;
17
18       }
19      #p2,#p6{white-space: pre;line-height: 2em;}
20      #p6{text-transform: uppercase;}
21    </style>
22  </head>
23  <body>
24    <h1>老人与海 </h1>
25    <p id = "p1" class = "style"><img src = "images03/oldman_sea.jpg" hspace = "20px"
vspace = "20px" align = "right" width = "300px" >他所有的一切都是苍老的,
26        只有他那双眼睛除外。
27        他的眼睛蓝得像海水,欢快而不屈。</p>
28    <p id = "p2">
29        只要自己有足够的决心,
30        就能打败所有人。</p>
31    <p>有好运气当然好。可我宁愿做到准确无误。这样,当好运来临时,你已经准备好了</p>
32    <p id = "p3">
33        现在不是去想你缺少什么的时候。想想拿你现有的东西能够做什么吧。
34    </p>
35    <p id = "p4">大海既仁慈又美丽,可是她也会突然就变得极其残酷。</p>
36    <p id = "p5">人可以被毁灭,但不能被打败。</p>
37    <p id = "p6">
```

38   他驻足片刻,回头看去,在街灯反射过来的光线下,他看见那条大鱼的尾巴,壮观地竖立在小船的船尾后面。

39   他看见那鱼的脊骨像一条裸露的白线,

40   还有黑暗一团的头部和向前伸出的细长的尖嘴,

41   而在头尾之间,那鱼已是空无一物。

42   (And between the head and tail, the fish was already empty.)

43 </p>

44 </body>

45</html>

图 3 - 19 example09.html 运行效果图

项目 4

用盒子模型布局"诗画自然"页面

知识目标

(1) 理解盒子模型的含义及基本属性,包括边框、外边距、内填充、背景等。

(2) 掌握元素类型的分类及转换方法。

(3) 理解浮动和清除浮动的含义及相关属性。

能力目标

(1) 能使用盒子模型合理布局规划网页中的块元素。

(2) 能使用 display 属性变换元素类型。

(3) 能通过浮动与清除浮动的方法布局元素的水平对齐方式。

素质目标

(1) 具有理解包容之心,以同理心对待人和事。

(2) 具备循序渐进、由浅入深、由简入繁的处事理念。

(3) 具备统筹全局,注重细节的规划和执行能力。

(4) 具备沟通能力和团结协作能力。

(5) 具备举一反三和逻辑推理能力。

4.1 盒 子 模 型

首先我们来了解一下盒子模型,生活中的盒子是可盛放物体的容器。盒子都有一个容纳内容的空间、盒子本身都有一定的厚度、盒子都有不同的风格等。提到盒子"容纳"的特点,我不禁想起了林则徐的堂联:海纳百川,有容乃大;壁立千仞,无欲则刚。海之所以浩瀚广大,在于能涵纳百川细流;人的德行要广大,也要有像海一样的广阔胸怀。大是无数小的组合成整体,能够容天下难容之事,乃心胸宽大;能不断积累和学习,乃知识的渊博;存在于宇宙万物的事物,一定在人的意识和活动中发生,能够包容世间万象,从而尝试了解不同领域，对于个人思想的成长有巨大的意义。在 CSS 中以盒子模型思想定义网页中每一个块元素的布局效果。

4.2 盒子基本属性

如图 4-1 所示，盒子模型基本属性的思维导图总结梳理盒子模型相关属性，需要注意盒子模型的边框（border）、内填充（padding）、外边距（margin）均包括上（top）、右（right）、下（bottom）、左（left）四条边，四个方向始终按这个顺序，不能改变。另外边框具有三要素，包括边框样式（border-style）、边框粗细（border-width）、边框颜色（border-color）。以手机盒子横截面为例，分析盒子模型如图 4-2 所示，包括手机的宽（width）、高（height）、手机盒的边框（border）、内填充（padding）、外边距（margin）。

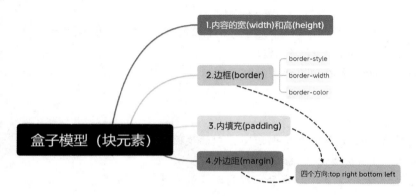

图 4-1　盒子模型基本属性的思维导图

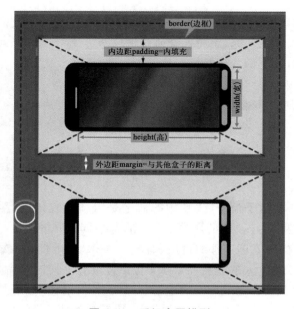

图 4-2　手机盒子模型

4.2.1　宽和高

如图 4-2 为手机盒子横截面,手机的宽度即盒子模型的块元素的宽(width),手机的高度即盒子模型的块元素的高(height)。在网页布局中,即网页块元素的宽和高。网页中的块元素包括 p、div、h1 等,针对块元素的讲解在 4.3 节中详细讲解。例如:♯p1〔width:600px;height:60px;〕这条规则定义了段落♯p1 的宽为 600 px,高为 60 px,指的是实际可以盛放内容(文本或图片)那部分空间的宽和高,不包含内容与边框之间的填充距离(padding)、边框粗细(border-width)等。

4.2.2　边框

在研究块元素时,通常把它看作一个常规矩形。因此,它必然包含四条边,作为网页中的某个元素,将其置于页面之中,必然考虑它的四个方向:上右下左。无论是边框(border)、内填充(padding)、外边距(margin)都有四个方向。我们首先来看一下边框属性。边框包含三要素:边框样式(border-style),边框宽度(border-width),边框颜色(border-color),如表 4-1 所示。

表 4-1　边框(border)属性

设 置 内 容	样　式　属　性	常　用　属　性　值
边框样式	border-style:上边〔右边 下边 左边〕	none 无(默认)、solid 单实线、dashed 虚线、dotted 点线、double 双实线
边框宽度	border-width:上边〔右边 下边 左边〕	像素值
边框颜色	border-color:上边〔右边 下边 左边〕	颜色值、♯十六进制、rgb(r,g,b)、rgb(r%,g%,b%)
综合设置边框	border:样式 宽度 颜色	

根据表中边框属性的简单直观的描述,我们举例子说明一下。

例如,定义边框样式为上右下左分别为虚线、单实线、双实线、点线,写出代码为:border-style:dashed solid double dotted;

例如,定义边框宽度为上右下左分别为 10 px、20 px、30 px、40 px 粗,写出代码为:border-width:10px 20px 30px 40px;

例如,定义边框颜色上右下左分别为红色、黄色、绿色、蓝色,写出代码为:border-color:red yellow green blue;

例如,综合定义边框为 2 px 粗的蓝色的实线,写出代码为:border:solid 2px blue;这里代表四条边样式、粗细、颜色均一致。

以上四个例子均只给出一个属性值,意味着四条边都与上边一致。如果四个值都给出来,要按照表中给出的顺序:上、右、下、左的四个顺序执行。那么是否可以给出三个值、两个值……那又代表哪几个边框的设置呢?

　　当然也是有规律的,遵循的是对称边属性值相等的规则进行取舍。我们举一个例子说明一下。

　　例如:border-color:red yellow green;这个语句中给出了三个值,按照上右下左的顺序:上边为 red 红色,右边为 yellow 黄色,下边为 green 绿色,左边值没有给出?那么遵循对称相等的原则,左边与右边一致,也为 yellow 黄色。

　　例如:border-color:red yellow;这个语句中给出了两个值,按照上右下左的顺序:上边为 red 红色,右边为 yellow 黄色,下边和左边值没有给出?那么遵循对称相等的原则,左边与右边一致,也为 yellow 黄色,下边与上边一致均为 red 红色。

　　以此类推,一个值时,即其他三个边,右下左均与上边一致。

　　当然,我们也可以单独设置某个特定边的边框样式、粗细和颜色,具体格式如表 4-2。

表 4-2　特定边框(border)属性

方向	样式 style	宽度 width	颜色 color
上	border-top-style:上边框样式	border-top-width:上边框像素值	border-top-color:上边框颜色
右	border-right-style:右边框样式	border-right-width:右边框像素值	border-right-color:右边框颜色
下	border-bottom-style:下边框样式	border-bottom-width:下边框像素值	border-bottom-color:下边框颜色
左	border-left-style:左边框样式	border-left-width:左边框像素值	border-left-color:左边框颜色

　　例 4-1　example01.html 盒子模型的边框。

```
1<! DOCTYPE html>
2<html>
3  <head>
4    <meta charset = "utf-8">
5    <title>盒子模型的边框</title>
6    <style type = "text/css">
7      #p1 {
8        width: 600px;/* 宽为 600px */
9        height: 60px;/* 高为 60px */
10       background: pink;/* 背景色为粉色 */
11       border-style: solid;/* 边框四条边样式为实线 */
12       border-width: 10px;/* 边框四条边均为 10 个像素粗细 */
13       border-color: yellow;/* 边框四条边均为黄色 */
14       border: solid 10px yellow;/* 综合设置边框四条边的三要素:实线 10px 粗 黄色 */
15      }
16      #p2 {
17        width: 600px;/* 宽为 600px */
```

```
18          height: 300px;/* 高为 300px */
19          background: greenyellow;/* 背景色为黄绿色 */
20          border-style: double;/* 边框四条边样式为双实线 */
21          border-width: 10px;/* 边框四条边均为 10 个像素粗细 */
22          border-color: red orange yellow green;/* 边框上边为红色,右边为橘色,下边为黄色,
左边为绿色 */
23        }
24      #p3 {
25          width: 600px;/* 宽为 600px */
26          height: 300px;/* 高为 300px */
27          background: greenyellow;/* 背景色为黄绿色 */
28          border-style: double;/* 边框四条边样式为双实线 */
29          border-width: 10px;/* 边框四条边均为 10 个像素粗细 */
30          border-color: red orange yellow;/* 边框上边为红色,左右边为橘色,下边为黄色 */
31        }
32      #p4 {
33          width: 600px;
34          height: 600px;/* 高为 600px */
35          background: greenyellow;
36          border-style: solid dotted/* 上下边为实线,左右边为点线 */
37          border-width: 10px 20px 30px 40px;/* 上边 10px 粗,右边 20px 粗,下边为 30px 粗,左
边为 40px 粗 */
38          border-color: red orange yellow;/* 上边为红色,左右边为橘色,下边为黄色 */
39        }
40    </style>
41  </head>
42  <body>
43    <p id = "p1">第一个段落</p>
44    <p id = "p2">第一个段落</p>
45    <p id = "p3">第一个段落</p>
46    <p id = "p4">第一个段落</p>
47  </body>
48</html>
```

在例 4-1 中,第 8 行通过 width: 600px;设置了段落#p1 的宽度为 600px,第 9 行通过 height: 60px;设置了段落#p1 的高度为 60 px,第 10 行通过 background: pink;设置了背景色为粉色,第 11 行通过属性 border-style: solid;设置边框四条边样式为实线,第 12 行通过 border-width: 10px;设置边框四条边均为 10 个像素粗细,第 13 行,通过 border-color: yellow;设置边框四条边均为黄色。

第 22 行通过 border-color: red orange yellow green;设置边框上边为红色,右边为橘色,下边为黄色,左边为绿色。

第 30 行通过 border-color: red orange yellow;设置边框上边为红色,左右边为橘色,下边为黄色。

第 36 行通过 border-style: solid dotted;设置段落#p4 的边框样式:上下边为实线,左右

边为点线。

　　第 37 行通过 border-width：10px 20px 30px 40px；设置段落♯p4 的边框粗细：上边 10 px 粗，右边 20 px 粗，下边为 30 px 粗，左边为 40 px 粗。

　　第 38 行通过 border-color：red orange yellow；设置段落♯p4 边框颜色：上边为红色，左右边为橘色，下边为黄色。

　　其运行效果如图 4‑3 所示。

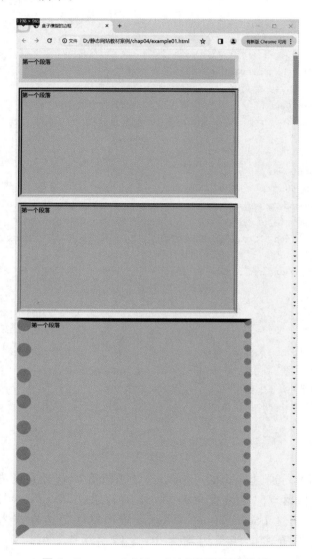

图 4‑3　example01.html 边框属性页面效果

4.2.3　内边距和外边距

　　在网页布局中，为了设置网页中某个元素内容与其边框的距离，以及元素与元素之间的距离，引入了内边距（padding）和外边距（margin）两个属性。下面我们分别说明。

1. 内边距

为了调整内容在盒子中的显示位置,常常需要给元素设置内边距。内边距也称为内填充,指的是元素内容与边框之间的距离。下面我们即对内边距相关属性进行详细讲解。在 CSS 中 padding 属性用于设置内边距,同边框属性 border 一样,padding 也是复合属性,其相关设置方式如下:

padding-top:上边距;

padding-right:右边距;

padding-bottom:下边距;

padding-left:左边距;

padding:四边内边距;

例:padding:10px   /* 四个方向内边距为 10 像素宽度 */

例:padding:10px 5px   /* 上下内边距为 10 像素,左右内边距为 5 像素 */

例:padding:10px 8px 6px   /* 上内边距为 10 像素,左右内边距为 8 像素,下内边距为 6 像素 */

注意:内边距 padding 不允许使用负值。

网页是由多个盒子模型的元素布局而成。盒子模型的元素与元素之间的距离可以通过外边距来 margin 设置。所谓外边距指的是标签元素边框与相邻标签元素边框之间的距离。在 CSS 中 margin 属性用于设置外边距,它是一个复合属性,与内边距 padding 和边框 border 的用法类似。设置外边距的方法如下。

2. 外边距

margin-top:上外边距;

margin-right:右外边距;

margin-bottom:下外边距;

margin-left:左外边距;

margin:四边外边距;

注意:和内边距不同,外边距 margin 允许使用负值

例:margin:10px   /* 四边外边距为 10 像素宽度 */

例:margin:10px 6px   /* 上下外边距为 10 像素,左右外边距为 6 像素 */

例:margin:10px 20px 30px   /* 外边距:上为 10 像素,左右为 20 像素,下为 30 像素 */

例 4-2   example02.html 盒子模型的内填充和外边距,其页面效果如图 4-4 所示。

```
1 <! DOCTYPE html>
2 <html>
3  <head>
4   <meta charset = "utf-8">
5   <title>盒子模型的内填充和外边距</title>
6   <style type = "text/css">
7    * {
8     padding: 0;/* 填充为 0 */
9     margin: 0; /* 外边距为 0 */
```

```
10        border: 0; /*边框为0*/
11      }
12    #p1 {
13      width: 500px;
14      height: 50px;
15      background: pink;
16      border: solid 10px green; /*四个边框均为单实线,10px粗,绿色*/
17      padding-top: 10px;/*上内填充10px*/
18      padding-left: 20px; /*左内填充10px*/
19      margin-top: 30px; /*上外边距30px*/
20      margin-bottom: 10px; /*下外边距10px*/
21      margin-left: auto; /*左外边距为自动*/
22      margin-right: auto; /*右外边距为自动*/
23    }
24    #p2 {
25      width: 540px;
26      height: 80px;
27      background: #FFC0CB;
28      margin-top: 30px;/*上外边距30px*/
29    }
30  </style>
31 </head>
32 <body>
33    <p id = "p1">第一个段落第一个段落第一个段落第一个段落第一个段落第一个段落
34 第一个段落</p>
35    <p id = "p2">第一个段落第一个段落第一个段落第一个段落第一个段落
36 第一个段落</p>
37 </body>
38 </html>
```

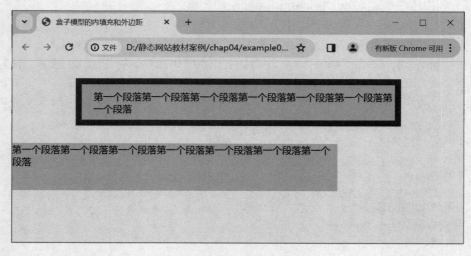

图 4 - 4　example02.html 页面效果

注意：

对块级元素应用宽度属性 width,并将左右的外边距都设置为 auto,可使块级元素水平居中,实际工作中常用这种方式进行网页布局。

margin:0 auto;/* 利用 margin 实现块元素水平居中 */

举例 margin:20px auto;/* 利用 margin 实现块元素水平居中,并且上下拉开 20 像素边距 */

4.2.4　背景属性

网页如同板报,通过给不同元素区域设置不同的背景效果来区分和凸显,增加页面的表现力。CSS 提供了背景相关属性来实现元素的不同效果。背景属性包括背景颜色、背景图像、背景图像重复显示、背景图像定位等,如图 4 - 5 所示。下面我们详细介绍一下各个背景属性。

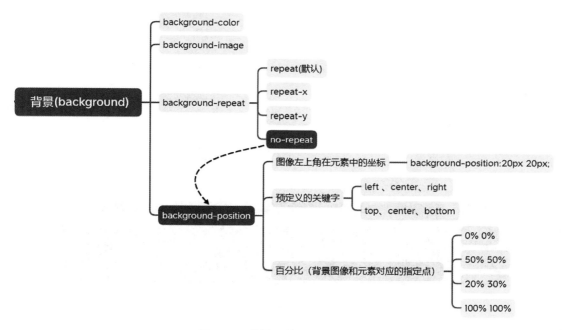

图 4 - 5　背景属性 CSS 思维导图

1. 背景颜色属性

在 CSS 中,网页元素的背景颜色使用 background-color 属性来设置,其属性值与文本颜色的取值一样,可使用预定义的颜色值、十六进制 RRGGBB 或 RGB 函数 rgb(r,g,b)。属性 background-color 的默认值为 tansperent,即背景透明,这时子元素会显示为其父元素的背景色。

background-color 属性为元素设置一种纯色背景。这种颜色会填充元素的内容、内边距和边框区域扩展到元素边框的外边界(但不包括外边距)。如果边框有透明部分(如虚线边框),会透过这些透明部分显示出背景色。

例 4 - 3　example03.html 网页及标签<p>背景色,如图 4 - 6 所示。

```
1<! DOCTYPE html>
2<html>
3  <head>
4    <meta charset = "utf-8">
5    <title>背景色 background-color</title>
6    <style type = "text/css">
7      body {
8        background-color: #0000ff;/* 网页主体<body>背景色为蓝色 */
9      }
10      p{color: #ff0000;/* 段落 p 文本的颜色为红色 */
11        background-color: #ffff00;/* 段落 p 背景的颜色为黄色 */
12      }
13    </style>
14  </head>
15  <body>
16    <p>此页面的背景色设置为。</p>
17  </body>
18</html>
```

在例 4－3 中第 8 行和第 11 行分别设置了网页主体标签<body>的背景色为蓝色、段落<p>的背景色为黄色。

图 4－6　例 4－3 example03.html 网页效果图

例 4－4　example04.html 盒子模型背景颜色的覆盖范围。

```
1<! DOCTYPE html>
2<html>
3  <head>
4    <meta charset = "utf-8">
5    <title>盒子模型背景颜色的覆盖范围</title>
6    <style type = "text/css">
7      h2,p {
8        text-align: center;
9      }
10      #box1,#box2 {
```

```
11        width: 600px;/* 宽度 600px */
12        background-color: #ccc;/* #box1 和 #box2 的背景色为淡灰色 */
13        padding-top: 20px;/* 上内填充 20px */
14        padding-bottom: 20px;/* 下内填充 20px */
15        border: 10px yellow dotted ;/* 边框为 10px 粗的黄色点线 */
16      }
17      #box1 {
18        margin-top: 0px;/* 上外边距 0px */
19        margin-left: auto;/* 左外边距自动 */
20        margin-right: auto;/* 右外边距自动 */
21      }
22      #box2 {
23        margin: 50px auto;/* 上下外边距 50px,左右居中对齐 */
24      }
25    </style>
26  </head>
27  <body>
28    <div id = "box1">
29      <h2>念奴娇·赤壁怀古</h2>
30      <p>
31        大江东去,浪淘尽,千古风流人物。<br>
32        故垒西边,人道是,三国周郎赤壁。<br>
33        乱石穿空,惊涛拍岸,卷起千堆雪。<br>
34        江山如画,一时多少豪杰。<br>
35        遥想公瑾当年,小乔初嫁了,雄姿英发。<br>
36        羽扇纶巾,谈笑间,樯橹灰飞烟灭。<br>
37        故国神游,多情应笑我,早生华发。<br>
38        人生如梦,一樽还酹江月。
39      </p>
40    </div>
41    <div id = "box2">
42      <h2>念奴娇·赤壁怀古</h2>
43      <p>
44        大江东去,浪淘尽,千古风流人物。<br>
45        故垒西边,人道是,三国周郎赤壁。<br>
46        乱石穿空,惊涛拍岸,卷起千堆雪。<br>
47        江山如画,一时多少豪杰。<br>
48        遥想公瑾当年,小乔初嫁了,雄姿英发。<br>
49        羽扇纶巾,谈笑间,樯橹灰飞烟灭。<br>
50        故国神游,多情应笑我,早生华发。<br>
51        人生如梦,一樽还酹江月。
52      </p>
53    </div>
54  </body>
55  </html>
```

在例 4－4 example04.html 中第 12 行语句 background-color：♯cccc；含义为♯box1 和♯box2 背景色均为灰色，其范围如图 4－7 所示，覆盖于边框之外，不包含外边距。

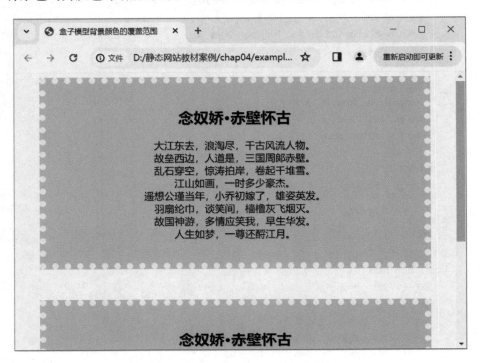

图 4－7　example04.html 页面效果图

2. 背景图像属性

背景图像通过 background-image 属性可以在网页元素中设置一个或多个背景图像。

设置背景图像的语法结构为：background-image：url(图片路径)；

在语法结构中，url 函数指定图像文件的路径，支持相对路径和绝对路径。

例 4－5　example05.html 盒子模型背景图像及其他相关背景的属性。

```
1 <! DOCTYPE html>
2 <html>
3 <head>
4 <meta charset = "utf-8">
5 <title>盒子模型背景图像属性</title>
6 <style type = "text/css">
7     h2,p {
8         text-align：center;
9     }
10    ♯box1 {
11    width：600px;
12    background：♯ccc;/＊背景色浅灰色＊/
13    margin：50px auto;
14    padding-top：20px;
```

```
15          padding-bottom: 20px;
16          }
17      h2 {
18      background:rgba(255,255,255,1) url(images04/bird.jpg) no-repeat;/* 背景色白色
不透明,背景图像为 url 指向的路径,背景图像不重复。背景图像优先 */
19          text-align: center;
20          height:80px;
21          line-height: 80px;
22          background-position-x: 26%;/* 背景图像位置水平方向距离左端 26% */
23          background-position-y: 7px;/* 背景图像位置垂直方向距离顶端 7px */
24          }
25      body {
26          background-color:#CCE5FF;
27          background-image: url(images04/mountainSea.png);/* 背景图像为 url 指向的路
径 */
28          /* background-repeat: repeat; */
29          background-repeat: no-repeat;/* 背景图像不重复 */
30          background-position: right center;/* 背景图像位置水平右垂直居中 */
31          /* background-attachment: scroll; */
32          background-attachment: fixed;/* 背景图像固定 */
33          }
34      #p1{background-image:url(images04/building.jpg);}
35      </style>
36  </head>
37  <body>
38    <div id="box1">
39    <h2>念奴娇·赤壁怀古</h2>
40    <p id="p1">
41      大江东去,浪淘尽,千古风流人物。<br>
42      故垒西边,人道是,三国周郎赤壁。<br>
43      乱石穿空,惊涛拍岸,卷起千堆雪。<br>
44      江山如画,一时多少豪杰。<br>
45      遥想公瑾当年,小乔初嫁了,雄姿英发。<br>
46      羽扇纶巾,谈笑间,樯橹灰飞烟灭。<br>
47      故国神游,多情应笑我,早生华发。<br>
48      人生如梦,一樽还酹江月。
49    </p>
50  </div>
51  <div id="box1">
52    <h2>念奴娇·赤壁怀古</h2>
53    <p>
54      大江东去,浪淘尽,千古风流人物。<br>
55      故垒西边,人道是,三国周郎赤壁。<br>
56      乱石穿空,惊涛拍岸,卷起千堆雪。<br>
57      江山如画,一时多少豪杰。<br>
```

```
58        遥想公瑾当年,小乔初嫁了,雄姿英发。<br>
59        羽扇纶巾,谈笑间,樯橹灰飞烟灭。<br>
60        故国神游,多情应笑我,早生华发。<br>
61        人生如梦,一樽还酹江月。
62      </p>
63    </div>
64    <div id = "box1">
65      <h2>念奴娇·赤壁怀古</h2>
66      <p>
67        大江东去,浪淘尽,千古风流人物。<br>
68        故垒西边,人道是,三国周郎赤壁。<br>
69        乱石穿空,惊涛拍岸,卷起千堆雪。<br>
70        江山如画,一时多少豪杰。<br>
71        遥想公瑾当年,小乔初嫁了,雄姿英发。<br>
72        羽扇纶巾,谈笑间,樯橹灰飞烟灭。<br>
73        故国神游,多情应笑我,早生华发。<br>
74        人生如梦,一樽还酹江月。<br>
75      </p>
76    </div>
77  </body>
78 </html>
```

例4-5运行效果如图4-8所示。

例4-5中第27行代码为网页"盒子模型背景图像属性"主体页面<body>标签中添加背景图像。在语句body{background-image：url(images04/mountainSea.png);}中背景图像的路径url函数的参数是图像文件的相对路径。当然背景图像还可以应用于某个具体的标签元素,如第34行＃p1{background-image:url(images04/building.jpg);}设置段落＃p1的背景图像,如图4-8所示,背景图像重复排列。

图4-8 example05.html 页面效果

3. 背景图像重复属性

背景图像重复 background-repeat 属性用于设置如何重复显示背景图像。背景图像可以沿水平轴,垂直轴,两个轴重复,或者根本不重复。

background-repeat 属性是针对背景图像而言的,因此需要先指定 background-image 属性。

Background-repeat 的取值如下:

(1) repeat:背景图像在横向和纵向重复平铺,默认值;

(2) repeat-x:背景图像在横向重复平铺;

(3) repeat-y:背景图像在纵向重复平铺;

(4) no-repeat:背景图像不重复平铺。

例 4-5 中第 29 行 CSS 代码 body{background-repeat:no-repeat;}。其含义是主体页面 <body> 的背景图像不重复。同学们也可以尝试测试一下第 28 行 body{background-repeat: repeat;}。先将第 29 行注释,保留 28 行,此时背景图像重复。问题留给大家,自己通过不同尝试,感受不同属性值时,元素呈现的不同效果。

4. 背景固定或滚动属性

background-attachment 属性设置背景图像是固定的还是与页面的其余部分一起滚动。

background-attachment 属性的参数:

(1) scroll:默认值。背景图像会随着页面其余部分的滚动而移动。

(2) fixed:当页面的其余部分滚动时,背景图像不会移动。

(3) inherit:规定应该从父元素继承 background-attachment 属性的设置。

设置了 fixed 属性后,即使元素具有滚动机制,背景图像会固定在某个位置,不会跟随页面元素滚动。

例 4-5 中第 32 行 body{background-attachment:fixed;}。此语句的含义是设置整个网页 <body> 页面背景图像固定不动,不随网页内容因过长而滚动。同学们也可以测试一下第 31 行:body{background-attachment:scroll;},此时,背景图像会随着内容滚动,这是默认网页效果。

5. 背景图像位置属性

背景图像位置属性 background-position 用于设置背景图像相对于元素的位置,默认值是图像左上角相对于其元素的左上角坐标:0% 0%。

例 4-5 中第 30 行代码:body{ background-position:right center;}用于设置主体页面的背景图像位置水平居右垂直居中。

6. 背景综合属性

在 CSS 中可以将背景相关的样式都综合定义在一个复合属性 background 中。使用 background 属性综合设置背景样式的语法格式如下:

background:背景色 ur("图像") 平铺 定位固定;

在上面的语法格式中,各样式顺序任意,中间用空格隔开,不需要的样式可以省略。但实际工作中通常按照背景色、ur("图像")、平铺、定位固定的顺序来书写。

在例题 4-5 中第 26 行至第 33 行代码,我们可以通过综合属性 background 进行描述:

background:url(images04/mountainSea.png) no-repeat right center fixed;同学们可以

用此代码替换第 26 行至第 32 行的代码,看一下效果是否相同。

4.2.5 盒子总宽度和总高度

网页是由多个元素构成,多个元素如何合理布局,需要对每个盒子有个精准的测量,通过了解其实际宽度和高度大小来进行合理布局。如图 4-9 所示为盒子模型宽度的实际效果。

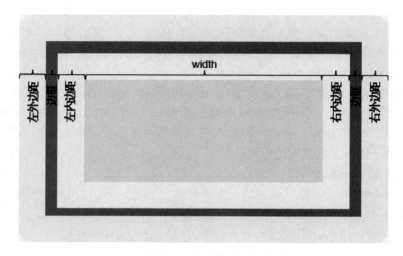

图 4-9 盒子模型图示

通过图示,我们可以得到以下公式:

盒子的总宽度＝ width＋左右内边距之和＋左右边框宽度之和＋左右外边距之和
盒子的总高度＝ height＋上下内边距之和＋上下边框宽度之和＋上下外边距之和
同学们可以根据图 4-10 思维导图的总结自己总结归纳。

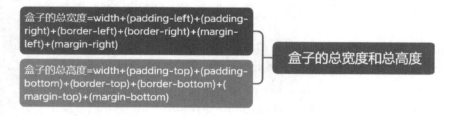

图 4-10 盒子总宽度和总高度思维导图

4.3 元素类型及转换

网页中的标签元素分为行内元素和块元素,其中块元素标签(如 p 标签)可以设置宽度和高度属性;行内元素(如 strong 标签)不可以设置宽度和高度。这两种不同类型的标签可以设置的属性也不同。

4.3.1　块元素和行内元素

1. 块元素的特点

(1) 块元素在页面中以区域块的形式出现。

(2) 每个块元素通常都会独自占据一整行或多整行。

(3) 可以对其设置宽度、高度、对齐等属性。

(4) 其中 p,h1～h6,div,ul,li 等是块元素。

2. 行内元素的特点

(1) 不占有独立的区域。

(2) 仅仅靠自身的字体大小和图像尺寸来支撑结构。

(3) 一般不可以设置宽度、高度、对齐等属性。

(4) 其中 strong,b,em,span,u,a 等是行内元素。

3. div 元素

div(division),是"分割、区域"。<div>标签简单而言就是一个块标签,可以实现网页的规划和布局。

4. span 元素

span 中文译为"范围",作为容器标签被广泛应用在 HTML 语言中。和<div>标签不同的是,<span>是行内元素,仅作为只能包含文本和各种行内标签的容器。

4.3.2　通过 display 属性实现块元素和行内元素的转换

通过 display 属性可以实现块元素与行内元素之间的转化,接下来我们通过表 4-3 比较一下 display 的四个属性值。

<p align="center">表 4-3　display 常见的属性值</p>

属 性 值	描　　　　述
inline	此元素将显示为行内元素(行内元素默认的 display 属性值)
block	此元素将显示为块元素(块元素默认的 display 属性值)
inline-block	此元素将显示为行内块元素,可以对其设置宽高和对齐等属性,但是该元素会独占一行
none	此元素将被隐藏,不显示,也不占用页面空间

为了更深刻理解 display 属性的属性值的含义,我们通过案例 4-6 来说明。

例 4-6　example06.html 测试 display 属性值。

```
1<! DOCTYPE html>
2<html>
3  <head>
4    <meta charset = "utf-8">
```

```
5     <title>测试 display 属性值</title>
6     <style type = "text/css">
7       h1,h3{text-align:center;/* 文本居中对齐 */}
8       div{width:560px;/* 宽 560px */
9         height:560px;/* 高 560px */
10        border:1px solid orange;/* 边框 1px 粗 实线 橘色 */
11        }
12      #box1{background:lightyellow;float:left;margin-left:10px;}/* 块元素 p 所在区背
景色为浅黄色,左浮动,左外边距为 10px */
13        #box2{background:lightgreen;float:right;margin-right:10px;}/* 行内元素 a 所在区
域为浅绿色,右浮动,右外边距 10px */
14      p{/* 块元素 p 的初始状态受 width height 影响 */
15        width: 150px;
16        height: 40px;
17        background: skyblue;
18      }
19      p.toInline {
20        display: inline;
21        /* 将块元素<p>转化为行内元素 */
22      }
23      a:link {/* 行内元素 a 初始状态不受 width height 影响 */
24        width: 150px;
25        height: 40px;
26        margin: 10px;
27        background: palevioletred;
28      }
29      .inlineToBlock {
30        display: block;/* 转化为块元素 */
31      }
32      .toInlineBlock {
33        display: inline-block;/* 转化为行内块元素 */
34      }
35      .hide {
36        display: none;/* 隐藏 */
37      }
38    </style>
39  </head>
40  <body>
41    <div id = "box1">
42      <h1>块元素 p 转化为行内元素</h1>
43      <h3>转化前</h3>
44      <p class = "block_before">block1</p>
45      <p class = "block_before">block2</p>
46      <p class = "block_before">block3</p>
47      <h3>转化为行内元素</h3>
48      <p class = "toInline">block1</p>
```

```
49          <p class = "toInline">block2</p>
50          <p class = "toInline">block3</p>
51      </div>
52      <div id = "box2">
53          <h1>行内元素 a 转化为块元素</h1>
54          <h3>转化前</h3>
55          <a class = "inline_before" href = "#">inline1</a>
56          <a class = "inline_before" href = "#">inline2</a>
57          <a class = "inline_before" href = "#">inline3</a>
58          <h3>转化为块元素</h3>
59          <a class = "inlineToBlock" href = "#">inline1</a>
60          <a class = "inlineToBlock" href = "#">inline2</a>
61          <a class = "inlineToBlock" href = "#">inline3</a>
62          <h3>转化为行内块元素</h3>
63          <a class = "toInlineBlock" href = "#">inline1</a>
64          <a class = "toInlineBlock" href = "#">inline2</a>
65          <a class = "toInlineBlock" href = "#">inline3</a>
66          <h3>隐藏元素第二个元素"inline2"</h3>
67          <a href = "#">inline1</a>
68          <a class = "hide" href = "#">inline2</a>
69          <a href = "#">inline3</a>
70      </div>
71  </body>
72</html>
```

在例 4 - 6 第 14 至 17 行中标签<p>是块元素,它的初始状态受宽 width 和高 height 的影响,因此在初始状态它是一个宽 width 为 150 px,高 height 为 40 px 的天蓝色矩形。

在第 19 行至第 20 行中 CSS 代码中,选择器名"p.toInline"通过代码 display 属性值 inline,即"display:inline;"把块元素 p 转换为了行内元素,此时不受 width 和 height 影响,仅受标签<p>中文本内容的大小的影响。

在第 23 至 28 行,a:link 表示的是标签<a>的初始状态。因为标签<a>为行内元素,其大小不受宽 width 和高 height 的影响。即使在 CSS 代码中定义了宽度和高度,也毫无作用。语句为:a:link {width:150px;height:40px;　margin:10px;background:palevioletred;}因此,标签<a>表现效果为如图 4 - 11 中"转化前"的状态,即仅受标签<a>中内容大小的影响。

在第 30 行通过代码"display:block;"将行内元素标签<a>转化为了块元素,此时元素 a 受宽度 width 和高度 height 的影响,即第 24、25 行语句 width:150px;height:40px;发挥了作用,显示效果如图 4 - 11 中"转化为块元素"标题下的显示形式。

在第 33 行,通过"display:inline-block;"将块元素 p 转化为行内块元素,宽高受 width、height 影响,但是不换行,三个元素显示为一行。如图 4 - 11"转化为行内块元素"标题下的三个粉色方块即为显示效果。

在第 36 行,通过语句"display:none;"将第 68 行中的元素<a>给隐藏了。

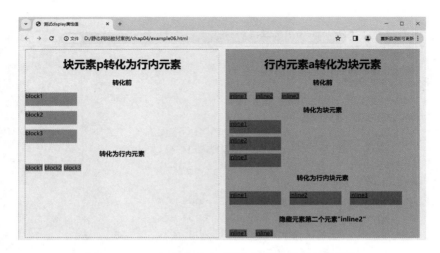

图 4‑11　example06.html 测试 display 属性值效果图

4.4　阶段案例——新晴野望 1

分析如图 4‑12 的页面布局，整个图文并茂的画面放在了一个 id 值为"box1"的 div 中，图

图 4‑12　新晴野望页面效果图

片居上方,下面的文本包括标题<h2>、作者<h5>、诗句<p>。根据页面效果,先构造 html 结构主体<body>部分,接下来设置 CSS 样式美化网页内容。需要注意:从 div、h2、h5、p 均是块元素,我们用盒子模型来描述,包括盒子的宽、高、外边距、内填充的设置。请同学们仔细观察,用 html+css 结构分离的语法结构完成页面的构造和美化。

例 4 - 7　example07.html 嵌套的盒子模型。

```
1 <! DOCTYPE html>
2 <html>
3   <head>
4     <meta charset = "utf-8">
5     <title>阶段案例-新晴野望</title>
6     <style type = "text/css">
7       #box1 {
8         width: 600px;/* 宽度 600px */
9         background: pink;/* 背景粉色 */
10         padding: 10px;/* 四边内填充 10px */
11         margin:50px auto;/* 上下外边距 50px,左右居中 */
12       }
13       #box1 img {
14         width: 100%;/* 图像宽度填充整个父元素容器的宽度 */
15       }
16       #box1 h5, #box1 h2 {
17         text-align: center;/* 文本居中对齐 */
18         margin-top: -3px;/* 上外边距-3px */
19       }
20       #box1 p {
21         width: 100%;/* 宽度为其父容器的 100% */
22         background: rgba(100%, 0%, 0%, 0.1);/* 背景色为红色透明 */
23         text-align: center;/* 文本居中对齐 */
24         margin-top: 10px;/* 上外边距 10px */
25         margin-bottom: 30px;/* 下外边距 30px */
26         font-family: "楷体";/* 字体为楷体 */
27         font-size: 20px;/* 字体大小 20px */
28         line-height: 1.8em;/* 行高为 1.8 倍当前字体大小 */
29       }
30     </style>
31   </head>
32 <body>
33   <div id = "box1">
34     <img src = "images04/country.jpg">
35     <h2>新晴野望</h2>
36     <h5>唐·王维</h5>
37     <p>
38       新晴原野旷,极目无氛垢。<br>
39       郭门临渡头,村树连溪口。<br>
```

```
40        白水明田外,碧峰出山后。<br>
41        农月无闲人,倾家事南亩。
42      </p>
43    </div>
44  </body>
45</html>
```

4.5　浮动和清除浮动

网页中的块元素标准文档流格式是自上而下的排列。那么如何让这些块元素水平排列成一行呢？有同学会想到将其转换为行内块元素。虽然行内块元素可以实现一行显示,但是它们之间的空隙很难控制。CSS 提供了浮动的布局方式实现水平布局排列。

4.5.1　浮动

元素的浮动是指设置了浮动属性的元素会脱离标准文档流的控制,移动到其父元素中指定位置的过程。

基本语法格式：选择器｛float:属性值;｝

浮动 float 的属性值有三个：left、right、none。含义如表 4－4 所示。

表 4－4　浮动(float)属性

属 性 值	描　　述
left	元素向左浮动
right	元素向右浮动
none	元素不浮动(默认值)

接下来我们举一个例子来展示以下浮动的布局方式。

例 4－8　example08.html 浮动与清除浮动。

```
1<! DOCTYPE html>
2<html>
3  <head>
4    <meta charset = "utf-8">
5    <title>浮动和清除浮动</title>
6    <style type = "text/css">
7      #father {/ * 父元素 */
8        background: #ccc;
```

```
 9        border: solid 1px #f00;
10      }
11      #box1,#box2,#box3 {
12        height: 30px;
13        border: dashed green 1px;
14        padding: 5px;
15        margin: 5px;
16        line-height: 30px;
17      }
18      #box1 {
19        background: yellow;
20        float: left;/* 子元素 1 左浮动 */
21      }
22      #box2,#box3,p {
23        background: lightskyblue;
24        float: right;/* 子元素 2、子元素 3 和子元素 4 均右浮动 */
25      }
26      #box3 {
27        background: greenyellow;
28      }
29      p {
30        background: pink;
31        padding: 10px;
32        margin: 5px;
33      }
34      /* .clear{clear:both;} *//* 清除浮动 */
35    </style>
36  </head>
37  <body>
38    <div id = "father"><! -- 父元素-->
39      <div id = "box1"><! -- 子元素 1 -->
40        box1
41      </div>
42      <div id = "box2"><! -- 子元素 2 -->
43        box2
44      </div>
45      <div id = "box3"><! -- 子元素 3 -->
46        box3
47      </div>
48      <! -- 子元素 4 -->
49      <p>合抱之木,生于毫末。———老子《老子》<br>
50        千里之行,始于足下。———老子《老子》
51        <br>
52        不积跬步,无以至千里。————荀子《劝学篇》
53      </p>
54      <! -- 子元素 5,用于清除浮动的 div 模块 -->
```

```
55        <div class = "clear">
56        </div>
57      </div>
58   </body>
59</html>
```

在例 4-8 中第 37 行到第 58 行之间构造网页内容结构,包括父元素"id=father"和四个子元素,分别是子元素 1"id=box1",子元素 2"id=box2",子元素 3"id=box3",子元素 4:段落 p。

在第 18 行到第 20 行中选取代码结构:♯box1{float:left;}设置子元素 1 左浮动;

在第 22 行到第 25 行中选取代码结构:♯box2,♯box3,p {float:right;}设置子元素 2、子元素 3 和子元素 4 均右浮动。运行 example08.html 效果如图 4-13。

图 4-13　example08.html 浮动页面效果

4.5.2　清除浮动

1. 清除浮动原因

因为浮动元素不再占用原文档流中的位置,所以会对页面中其他元素的排版产生影响,如果要避免这种影响,就需要对元素清除浮动。

2. 清除浮动的方法

运用 clear 属性清除浮动,如表 4-5 所示其基本语法格式:选择器{clear:属性值;}。

表 4-5　清除浮动(clear)属性

属 性 值	描　　　　述
left	不允许左侧有浮动元素(清除左侧浮动的影响)
right	不允许右侧有浮动元素(清除右侧浮动的影响)
both	同时清除左右两侧浮动的影响

方法 1:

第一步:在 example08.html 代码的第 55、56 行加入一个空的<div>,用于清除浮动的子元素模块。代码为:<div class="clear"></div>。

第二步:在 example08.html 代码的第 34 行加入如下代码:.clear{clear:both;},即将第 34 行的注释去掉。

最后执行 example08.html,效果如图 4-14 所示,可以看出通过清除浮动对父元素的影响,父元素能够正常显示为包容 4 个子元素内容。

方法 2:在 example08.html 中的第 7 行到第 10 行之间即♯father{}中插入代码:overflow:hidden;同学们可以试一下。这样做的含义是将父元素♯father 溢出的部分隐藏起来。

图 4-14　example08.html 清除浮动页面效果

4.5.3　overflow 属性

overflow 属性可以解决溢出问题,其基本语法格式如下:选择器{overflow:属性值;}。overflow 属性的常用值有四个,具体如表 4-6 所示。

表 4-6　overflow 属性值

属 性 值	描　　　　述
visible	内容不会被修剪,会呈现在元素框之外(默认值)
hidden	溢出内容会被修剪,并且被修剪的内容是不可见的
auto	在需要时产生滚动条,即自适应所要显示的内容
scroll	溢出内容会被修剪,且浏览器会始终显示滚动条

4.6　阶段案例——新晴野望 2

分析如图 4-15 的页面布局,整个图文并茂的画面放在了一个 class 值为"box"的 div 中,图片居左方,右面的文本包括标题<h2>、作者<h5>、诗句<p>。需要注意的是水平排列图文并茂内容。因此我们在整个类名为 box 的父容器中放置两个 div,id 值分别为"left"和 right。

根据页面效果,先构造 html 结构主体<body>部分,接下来设置 CSS 样式美化网页内容。由于图文并茂两者左右浮动。

第一步,构造 html 结构:

(1)我们在 html 结构主体<body>部分,构造父元素<div class="box"><div>。

(2)在父元素中构造左右两个盒子的子元素,分别是<div id="left"></div>子元素 1,用

图 4‑15 新晴野望水平布局效果图

于放置图片；<div id＝"right"></div>子元素 2，用于放置文本。

（3）在<div id＝"left"></div>子元素 1 中插入图片<img src＝"images04/country.jpg">。

（4）在<div id＝"right"></div>子元素 2 中插入以下文本：<h2></h2>、<h5></h5>、<p></p>。

第二步，分别对目标元素设置 CSS 样式：

（1）初始化所有元素的盒子模型属性清零。

（2）设置父元素.box 的盒子模型属性。

（3）设置两个子元素♯left 和♯right 的盒子模型样式，需要注意♯left 左浮动，♯right 右浮动。

（4）设置子元素♯left 的子元素 img 的样式。

（5）设置子元素♯right 的子元素 h2、h5、p 的盒子模型样式。

需要注意针对盒子模型属性，包括盒子的宽、高、外边距、内填充的设置。请同学们仔细观察，用 html＋css 结构分离的语法结构完成页面的构造和美化。

例 4‑9　example09.html 新晴野望水平布局。

```
1      <! DOCTYPE html>
2 <html>
3   <head>
4     <meta charset = "utf-8">
5     <title>新晴野望水平布局</title>
6     <style type = "text/css">
7       * {
8         margin：0;
```

```
 9        padding: 0;
10         border: 0;
11       }
12     .box {
13        width: 1000px;
14        margin: 50px auto 0;
15        background: pink;
16        padding: 50px;
17        overflow: hidden;
18     }
19     .box #left {
20        width: 500px;
21        margin-right: 10px;
22        float: left;/* 左浮动 */
23     }
24     .box #left img {
25        width: 100%;
26     }
27     .box #right {
28        width: 480px;
29        float: right;/* 右浮动 */
30        padding-top: 10px;
31     }
32     .box #right h2,.box #right h5 {
33        text-align: center;
34        margin-top: 10px;
35        margin-bottom: 20px;
36     }
37     .box #right p {
38        font-family: "楷体";
39        font-size: 20px;
40        line-height: 1.8em;
41        text-align:center;
42     }
43     </style>
44   </head>
45   <body>
46     <div class = "box"><!-- 父元素 -->
47       <div id = "left"><!-- 子元素放置图片 -->
48          <img src = "images04/country.jpg">
49       </div>
50       <div id = "right"><!-- 子元素放置文本 -->
51          <h2>新晴野望</h2>
52          <h5>唐·王维</h5>
53          <p>
54             新晴原野旷,极目无氛垢。<br>
```

```
55          郭门临渡头,村树连溪口。<br>
56          白水明田外,碧峰出山后。<br>
57          农月无闲人,倾家事南亩。
58       </p>
59     </div>
60   </div>
61 </body>
62</html>
```

4.7 盒子模型新增属性

4.7.1 圆角边框

在网页设计中,经常会看到一些圆角的图形,如按钮、头像图片等,运用CSS3中的border-radius属性可以将矩形边框四角圆角化,实现圆角效果,如图4-16所示。

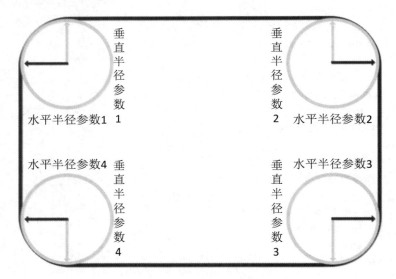

图4-16 圆角边框示意图

border-radius:水平半径参数1,水平半径参数2,水平半径参数3,水平半径参数4,垂直半径参数1,垂直半径参数2,垂直半径参数3,垂直半径参数4。

需要注意的是,当应用值复制原则设置圆角边框时,如果"垂直半径参数"省略,则会默认等于"水平半径参数"的参数值。此时圆角的水平半径和垂直半径相等。

4.7.2 背景图像大小

背景图像大小 background-size 如表4-7所示。

表 4-7　图像大小说明

值	说　明
length	设置背景图片的宽度和高度,第一个值宽度,第二个值高度,如果只是设置一个值,第二个值 auto
percentage	计算相对位置区域的百分比,第一个值宽度,第二个值高度,如果只是设置一个值,第二个值 auto
cover	保持图片纵横比并将图片缩放成完全覆盖背景区域的最小大小
contain	保持图片纵横比并将图片缩放成适合景定位区域的最大大小

项目 5

使用超链接和列表构建"诗画自然"网站

知识目标

(1) 掌握超链接标签和属性。
(2) 掌握三种列表结构和属性。
(3) 掌握文件之间的相对路径关系。

能力目标

(1) 能使用超链接<a>实现页面之间的调用关系。
(2) 能使用无序列表<UL>和有序列表<OL>罗列相同结构的项目。
(3) 能使用定义列表<DL>实现图文混排效果。

素质目标

(1) 具备审美能力,能够捕捉到生活中的真善美。
(2) 具备发现问题解决问题能力。
(3) 具备拓展和创新能力。

5.1 三 种 列 表

超链接的三种列表结构如图 5-1 所示。

5.1.1 三种列表介绍

1. 无序列表 ul

无序列表的各个列表项之间没有顺序级别之分,通常是并列的。<ul>标签表示 HTML 页面中项目的无序列表,一般会以项目符号呈现列表项,而列表项使用<1i>标签定义,基本语法格式如下:

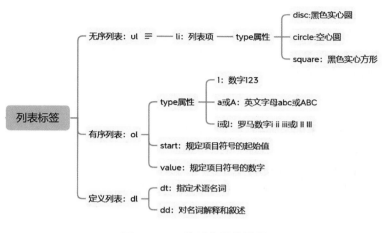

图 5-1　三种列表思维导图

```
<ul>
   <li>列表项 1</li>
   <li>列表项 2</li>
   <li>列表项 3</li>
......
</ul>
```

说明：(1) 无序列表的各个列表项之间没有顺序之分,是并列的。

(2) <ul>只能嵌套<li>,直接在<ul>标签中输入其他标签或者文字是不被允许的。

(3) <li>相当于一个容器,可以容纳所有元素。

2. 有序列表 ol

有序列表是有排列顺序的列表,其各个列表项按照一定的顺序排列。在 HTML 标签中,<ol>标签用于定义有序列表,列表排序以数字来显示,并且使用<li>标签来定义列表项,基本语法格式如下:

```
<ol>
   <li>列表项 1</li>
   <li>列表项 2</li>
   <li>列表项 3</li>
......
</ol>
```

说明：(1) <ol>只能嵌套<li>,直接在<ol>标签中输入其他标签或者文字是不被允许的。

(2) <li>相当于一个容器,可以容纳所有元素。

3. 定义列表 dl

定义列表用于对术语或名词进行解释和描述。与无序和有序列表不同,定义列表的列表项前没有任何项目符号。在 HTML 标签中,<dl>标签用于定义自定义列表,该标签会与<dt>(定义项目/名字)和<dd>(描述每一个项目/名字)一起使用,基本语法格式如下:

```
<dl>
   <dt>名词 1</dt>
   <dd>名词 1 解释 1</dd>
   <dd>名词 1 解释 2</dd>
</dl>
```

说明：（1）<dl>标签里面只能包含<dt>和<dd>。

（2）<dt>和<dd>相当于一个容器，可以容纳所有元素。

下面我们通过案例 5－1 example01.html 来了解以下三种列表的 html 语法结构及含义。

例 5－1　example01.html 三种列表标签的使用，其页面效果如图 5－3 所示。

```
1    <! DOCTYPE html>
2    <html>
3     <head>
4       <meta charset = "utf-8">
5       <title>三种列表结构</title>
6     </head>
7     <body>
8       <h3>用无序列表展示三种列表结构</h3>
9       <ul>                    <! --unorder list-->
10        <li>无序列表 ul</li>
11        <li>有序列表 ol</li>
12        <li>定义列表 dl</li>
13      </ul>
14      <h3>水果</h3>
15      <ul
16        <li>苹果</li>
17        <li>香蕉</li>
18        <li>桃子</li>
19      </ul>
20      <h3>用有序列表表示奖牌排行榜</h3>
21      <ol>
22        <li>中国</li>
23        <li>日本</li>
24        <li>韩国</li>
25        <li>印度</li>
26      </ol>
27      <h3>定义列表</h3>
28      <h5>定义列表可以实现名词解释和图文并茂</h5>
29      <dl>
30        <dt>网页</dt>
31        <dd>文本、图像、声音等的集合。</dd>
32        <dd>用浏览器浏览页面。</dd>
33        <dd>用 html＋css＋javascript 技术来实现页面效果。</dd>
```

```
34          <dt>网站</dt>
35          <dd>多个页面集合</dd>
36          <dd>用英文 web 表示</dd>
37          <dd>每个公司的门户网站展示公司商品或文化。</dd>
38          <dd>网站中页面通过超链接相互关联。</dd>
39          <dt class = "fly"><img src = "images05/butterfly.jpg" ></dt>
40          <dd>两扇大翅膀</dd>
41          <dd>通体黑色</dd>
42      </dl>
43    </body>
44  </html>
```

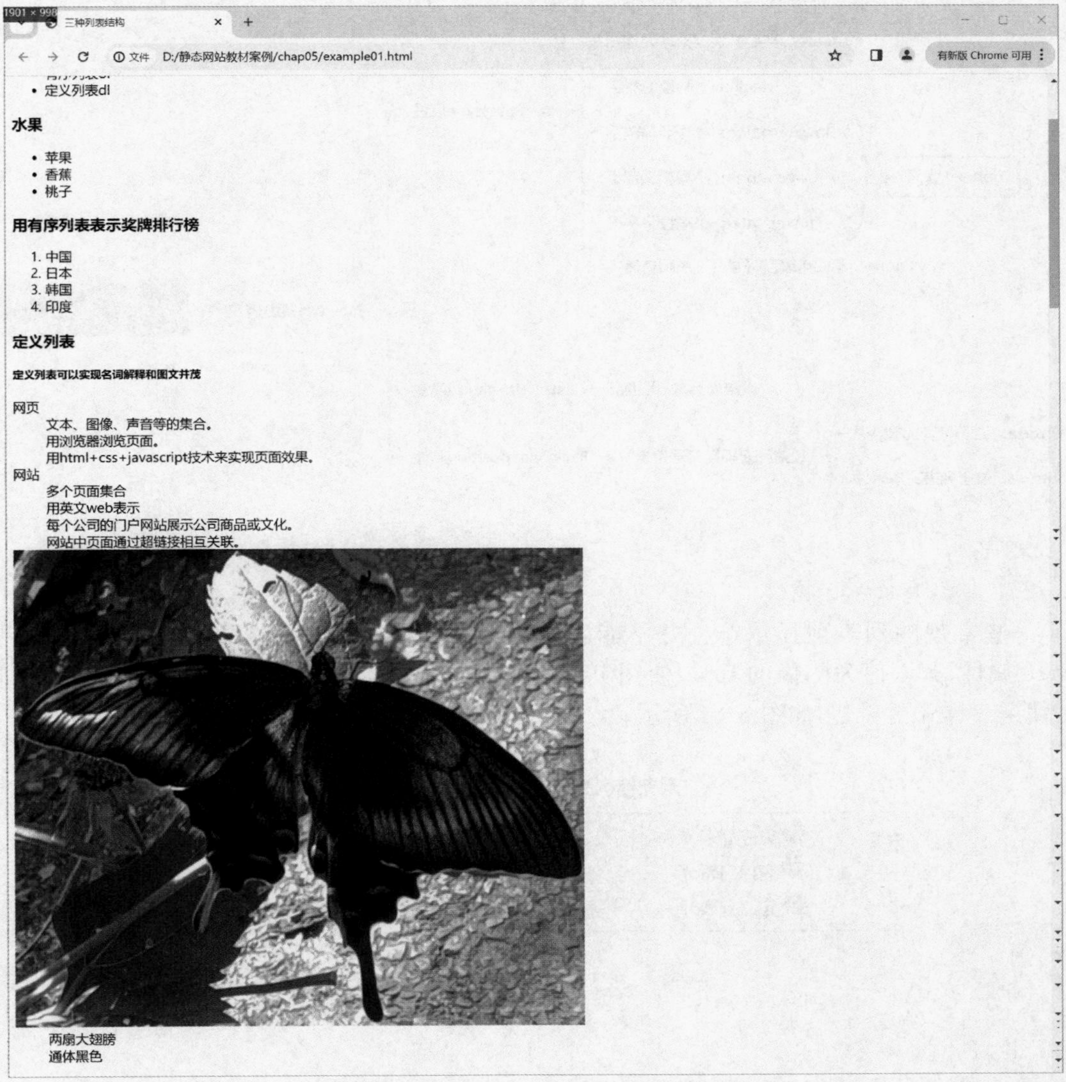

图 5-2　example 01.html 三种列表结构效果图

5.1.2 三种列表 CSS 样式

定义无序或有序列表时,通常不通过标签的属性来控制列表的项目符号,而是通过 CSS 提供的列表样式属性来控制列表项目符号,遵守代码的结构与表现相分离的网页设计原则。本节将对这些属性进行详细讲解。

1. list-style-type 属性

在 CSS 中,list-style-type 属性用于控制列表项显示符号的类型,其取值有多种,它们的显示效果各不相同,具体如图 5-3 的 CSS 思维导图所示。

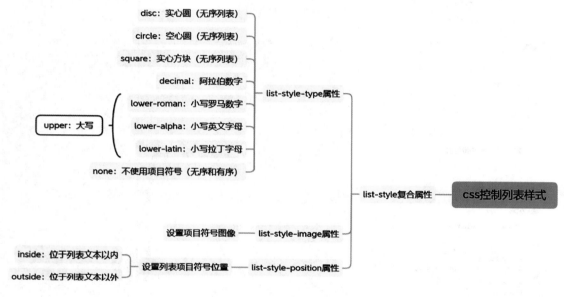

图 5-3 列表 CSS 属性思维导图

2. list-style-image 属性

一些常规的列表项显示符号并不能满足网页制作的需求,为此 CSS 提供了 list-style-image 属性,其取值为图像的 url。使用 lisl-style-image 属性可以为各个列表项设置项目图像,使列表样式更美观,如图 5-4 所示。

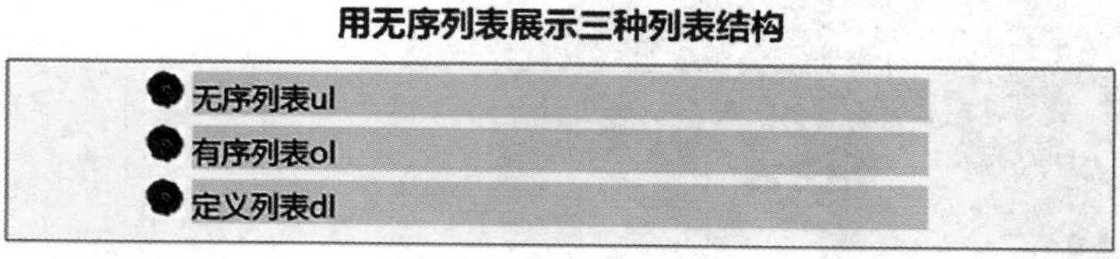

用无序列表展示三种列表结构

- 无序列表ul
- 有序列表ol
- 定义列表dl

图 5-4 list-style-image 属性

```
ul li{
    list-style-image:url(images05/darkRed.gif);/* 列表图像路径 */
}
```

3. list-style-position 属性

设置列表项目符号时,有时需要控制列表项目符号的位置,即列表项目符号相对于列表项内容的位置。在 CSS 中,list-style-position 属性用于控制列表项目符号的位置,其取值有 inside 和 outside 两种,对它们的解释如下。

(1) inside:列表项目符号位于列表文本以内;

(2) outside:列表项目符号位于列表文本以外(默认值)。

通过为水果列表项加入语句 list-style-position:inside;实现水果的列表项显示在文本项内部,可与上边的"用无序列表展示三种列表结构"进行对比,如图 5-5 所示。

html 结构:

```
<ul class = "fruit"><! -- 定义无序列表类名为 fruit -->
    <li>苹果</li>
    <li>香蕉</li>
    <li>桃子</li>
</ul>
```

对应的 css 代码:

```
ul.fruit li{
    list-style-position:inside;/* 列表项位置在文本内容里面 */
}
```

图 5-5　list-style-position 属性

为了使初学者更好地理解 list-style-type、list-style-image、list-style-position 属性,接下来我们通过一个具体的案例来演示其用法和效果,如例 5-2 所示。

例 5-2　example02.html 使用外链式 CSS 文件美化三种列表结构。

example02.html 是在 example01.html 的基础上,引入外链式 CSS 文件 style01.css 实现的。注意 style01.css 文件中选择器名称与 example01.html 中<body></body>标签中所定义的标签名称相对应。

首先在 chap05 文件夹下,将 example01.html 文件进行复制,并重命名为 example02.html;接下来新建 style01.css 文件;然后打开 example02.html 文件,在第 6 行标签</head>的

前面加上外链 css 文件语句如下：＜link rel＝"stylesheet" type＝"text/css" href＝"style01.css"/＞,实现通过 style01.css 文件对"三种列表结构"页面的美化。

最后,我们打开 style01.css 文件,在里面写上实现页面美化效果的规则代码。代码如下：

```
1    * {
2    margin: 0;
3    padding: 0;
4    border: 0;
5    }
6    h3,h5{text-align:center;}
7    ul {
8    width: 600px;
9    height: 100px;
10   background: palegoldenrod;
11   border: solid 1px red;
12   margin: 50px auto;
13   }
14   ul li {
15   width: 400px;
16   height: 30px;
17   background: #ccc;
18   margin: 5px auto;
19   }
20   ol {
21   width: 600px;
22   height: 120px;
23   background: pink;
24   border: solid 1px red;
25   margin: 50px auto;
26   }
27   ol li {
28   width: 400px;
29   height: 30px;
30   background: #FFFFFF;
31   margin: 5px auto;
32   }
33   dl {
34   background: skyblue;
35   border: solid 1px black;
36   width: 600px;
37   margin: 50px auto;
38   }
39   dl dt {
40   width: 40px;
41   height: 30px;
42   background: yellow;
```

```
43      margin: 5px auto;
44      text-align: center;
45      border-radius: 5px;
46      line-heigh: 30px;
47      }
48  dl .fly {
49  width: 200px;
50  height: 160px;
51  margin-left: 400px;
52  }
52      .fly img {
53      width: 100%;
54      height: 100%;
55      }
56  dl dd {
57  width: 200px;
58  background-color: #FFA500;
59  margin: 2px auto;
60      border-radius: 4px;
61      }
```

其运行效果如图 5 - 6 所示。

接下来我们在 example02.html 文件的第 16 行为标签 ul 加入类名 class="fruit"。此部分代码如下：

```
<ul class="fruit"><!-- 定义无序列表类名为 fruit -->
  <li>苹果</li>
  <li>香蕉</li>
  <li>桃子</li>
</ul>
```

在 style01.css 的第 15 行加入代码：list-style-image:url(images05/darkRed.gif);/* 列表图像路径 */。引用列表图像属性设置水果列表图像为一个花朵图案。此部分代码如下：

```
ul li {
  list-style-image:url(images05/darkRed.gif);/* 列表图像路径 */
  width: 400px;
  height: 30px;
  background: #ccc;
  margin: 5px auto;
}
```

在 style01.css 的第 21、22、23 行加入代码：list-style-position:inside;/* 列表项位置在文本内容里面 */设置列表项目符号在文本内容内部。

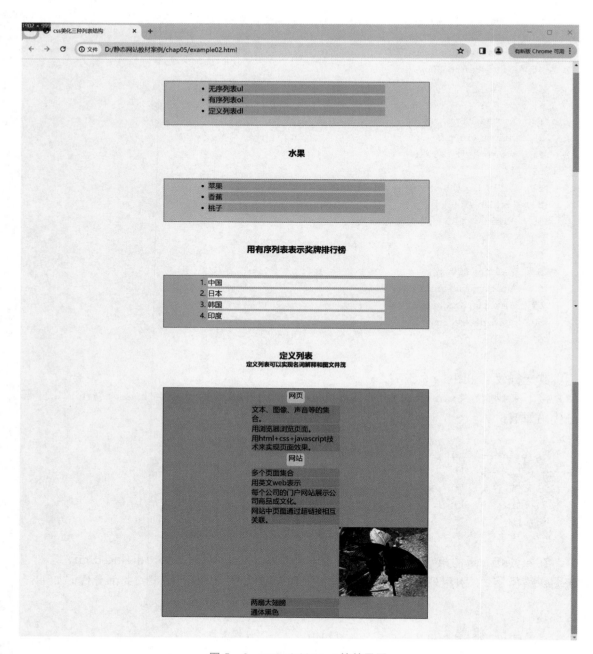

图 5 - 6　example02.html 的效果图

```
ul.fruit li{
    list-style-position:inside;/* 列表项位置在文本内容里面 */
}
```

例 5 - 3　example03.html 通过背景图像的方式设置列表的项目符号。

```
1   <! DOCTYPE html>
2   <html>
3     <head>
4       <meta charset = "utf-8">
5       <title>背景图像作为列表项</title>
6       <link rel = "stylesheet" type = "text/css" href = "style02.css"/>
7     </head>
8     <body>
9         <h3>用无序列表展示三种列表结构</h3>
10        <ul>                    <! --unorder list-->
11        <li>无序列表 ul</li>
12        <li>有序列表 ol</li>
13        <li>定义列表 dl</li>
14        </ul>
15        <h3>水果</h3>
16        <ul class = "fruit"><! -- 定义无序列表类名为 fruit -->
17        <li>苹果</li>
18        <li>香蕉</li>
19        <li>桃子</li>
20        </ul>
21        <h3>用有序列表表示奖牌排行榜</h3>
22        <ol>
23        <li>中国</li>
24        <li>日本</li>
25        <li>韩国</li>
26        <li>印度</li>
27        </ol>
28        <h3>定义列表</h3>
29        <h5>定义列表可以实现名词解释和图文并茂</h5>
30        <dl>
31        <dt>网页</dt>
32        <dd>文本、图像、声音等的集合。</dd>
33        <dd>用浏览器浏览页面。</dd>
34        <dd>用 html + css + javascript 技术来实现页面效果。</dd>
35        <dt>网站</dt>
36        <dd>多个页面集合</dd>
37        <dd>用英文 web 表示</dd>
38        <dd>每个公司的门户网站展示公司商品或文化。</dd>
39        <dd>网站中页面通过超链接相互关联。</dd>
40        <dt class = "fly"><img src = "images05/butterfly.jpg" ></dt>
41        <dd>两扇大翅膀</dd>
42        <dd>通体黑色</dd>
43        </dl>
44      </body>
45    </html>
```

以下是 style02.css 文件的代码：

```
style02.css
1    * {
2        margin: 0;
3        padding: 0;
4        border: 0;
5    }
6    ul li,ol li{list-style:none;}
7    h3,h5{text-align:center;}
8    ul {
9        width: 600px;
10       height: 100px;
11       background: palegoldenrod;
12       border: solid 1px red;
13       margin: 50px auto;
14   }
15   ul li {
16       list-style-image:url(images05/darkRed.gif);/* 列表图像路径 */
17       width: 400px;
18       height: 30px;
19       background: #ccc;
20       margin: 5px auto;
21   }
22   ul.fruit li{
23       list-style-position:inside;/* 列表项位置在文本内容里面 */
24   }
25   ol {
26       width: 600px;
27       height: 120px;
28       background: pink;
29       border: solid 1px red;
30       margin: 50px auto;
31   }
32   ol li {
33       width: 400px;
34       height: 30px;
35       padding-left:30px;
36       background: #FFFFFF url(images05/orange.gif) no-repeat 0px 0px; /* 背景图像做列
表项图标 */
37       /* list-style-position:inside; */
38       margin: 5px auto;
39   }
40   dl {
41       background: skyblue;
42       border: solid 1px black;
```

```
43        width: 600px;
44        margin: 50px auto;
45    }
46   dl dt {
47        width: 40px;
48        height: 30px;
49        padding-left:30px;
50        /* background: yellow; */
51        background:url(images05/yellow.gif) no-repeat 0px 0; /* 背景图像做列表项图标 */
52        margin: 5px auto;
53        text-align: center;
54        border-radius: 5px;
55        line-height: 30px;
56    }
57   dl .fly {
58        width: 200px;
59        height: 160px;
60        padding-left:60px;
61        /* margin-left: 400px; */
62    }
63   .fly img {
64        width: 100%;
65        height: 100%;
66    }
67   dl dd {
68        padding-left:30px;
69        width: 200px;
70        background:url(images05/yellow.gif) no-repeat 0px 0; /* 背景图像做列表项图标 */
71        margin: 2px auto;
72        border-radius: 4px;
73    }
```

其运行效果如图 5-7 所示。

5.2　超　链　接

5.2.1　定义超链接

超链接语法格式：<a href="目标文件路径"　target="链接页面打开方式">链接内容</a>

href：指定链接目标的 url 地址，a 应用 href 属性，就具有超链接功能；target：指定链接页面打开方式，取值有_self(默认)和_blank(新窗口)两种。

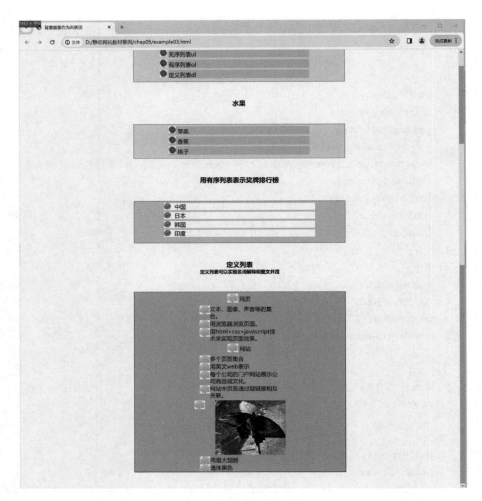

图 5－7　example03.html 的效果图

例 5－4　example04.html 超链接的使用。

```
1    <! DOCTYPE html>
2    <html>
3     <head>
4        <meta charset = "utf-8">
5        <title>超链接页面</title>
6        <style type = "text/css">
7          * {margin:0;padding:0;border:0;}
8         ul{list-style:none;
9             width:900px;
10            height:60px;
11            background:pink;
12            margin:50px auto;
13            padding-left:30px;}
```

```
14          ul li{float:left;
15              width:100px;
16              margin-right:10px;
17          }
18          a{text-decoration:none;}
19          a:link{color:black;}
20          a:visited{color:gray;}
21          a:hover{background:yellow;}
22          a:active{color:greenyellow;}
23      </style>
24    </head>
25    <body>
26      <ul>
27        <li><a href = "../chap01/example01.html" target = "_self">第一章 1</a></li>
28        <li><a href = "http://www.baidu.com" target = "_blank">百度</a></li>
29        <li><a href = "../chap02/example02.html">第二章</a></li>
30        <li><a href = "../chap03/example04.html" target = "_blank">第三章 4</a></li>
31        <li><a href = "https://www.hangzhou2022.cn">杭州亚运会</a></li>
32        <li><a href = "example01.html">第五章 1</a></li>
33        <li><a href = "../chap04/example01.html">第四章案例 1</a></li>
34        <li><a href = "#">当前页</a></li>
35      </ul>
36    </body>
37    </html>
```

其运行效果如图 5 - 8 所示。

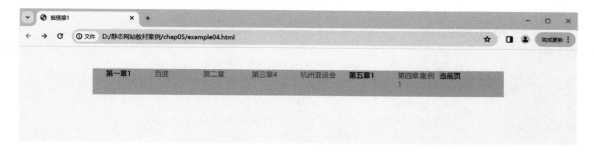

图 5 - 8   例 5 - 4 example04.html 的效果图

5.2.2   锚点链接

锚点是网页制作中超级链接的一种,又叫命名锚记,像一个迅速定位器一样,是一种页面内的超级链接,运用相当普遍。

命名锚记:使用 id 标注跳转目标位置;

锚记链接:a 标签使用 href 属性＝#id 属性名。

锚记链接 ->命名锚记

5.2.3 链接伪类

链接伪类控制超链接如图 5-9 所示。

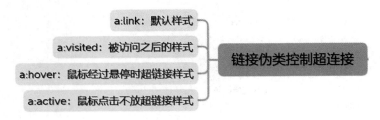

图 5-9 链接伪类 CSS

5.3 阶段案例——诗画自然

例 5-5 example05.html 通过<dl>标签实现"诗画自然"页面的图文混排效果,其代码如下,效果图如图 5-10 所示。

```
1    <! DOCTYPE html>
2    <html>
3      <head>
4        <meta charset = "utf-8">
5        <title>诗画自然</title>
6        <! -- 链入外部 CSS 文件 style03.css -->
7        <link rel = "stylesheet" type = "text/css" href = "style03.css" />
8      </head>
9    <body>
10        <div id = "section1">
11          <h3>导航栏</h3>
12          <ul>
13            <li><a href = "#one">行路难</a></li>
14            <li><a href = "#two">江城子·梦中了了醉中醒</a></li>
15            <li><a href = "#three">采莲曲</a></li>
16            <li><a href = "#four">寻隐者不遇</a></li>
17          </ul>
18        </div>
19        <div id = "section2">
20          <h3>诗画自然</h3>
21          <dl id = "one">
22            <dt><img src = "images05/mountainSea.png"></dt>
23            <dd>
24              <h4>行路难</h4>
25              <h5>【作者】李白<br>
26                 【朝代】唐
```

```
27              </h5>
28          <p>
29              金樽清酒斗十千,玉盘珍羞直万钱。<br>
30              停杯投箸不能食,拔剑四顾心茫然。<br>
31              欲渡黄河冰塞川,将登太行雪满山。<br>
32              闲来垂钓碧溪上,忽复乘舟梦日边。<br>
33              行路难,行路难,多歧路,今安在?<br>
34              长风破浪会有时,直挂云帆济沧海。</p>
35          </dd>
36      <div class = "clearFloat">
37      </div>
38      </dl>
39      <dl id = "two">
40          <dt><img src = "images05/river.jpg"></dt>
41          <dd>
42              <h4>江城子·梦中了了醉中醒</h4>
43              <h5>【作者】苏轼<br>
44                  【朝代】宋
45              </h5>
46          <p>
47              梦中了了醉中醒。只渊明,是前生。<br>
48              走遍人间,依旧却躬耕。<br>
49              昨夜东坡春雨足,乌鹊喜,报新晴。<br>
50              雪堂西畔暗泉鸣。<br>
51              北山倾,小溪横。<br>
52              南望亭丘,孤秀耸曾城。<br>
53              都是斜川当日景,吾老矣,寄余龄。</p>
54          </dd>
55      <div class = "clearFloat">
56      </div>
57      </dl>
58      <dl id = "three">
59          <dt><img src = "images05/love.jpg"></dt>
60          <dd>
61              <h4>采莲曲</h4>
62              <h5>【作者】王昌龄<br>
63                  【朝代】唐
64              </h5>
65          <p>
66              荷叶罗裙一色裁,芙蓉向脸两边开。<br>
67              乱入池中看不见,闻歌始觉有人来。</p>
68          </dd>
69      <div class = "clearFloat">
70      </div>
71      </dl>
72      <dl id = "four">
```

```
73              <dt><img src = "images05/road.jpg"></dt>
74              <dd>
75                  <h4>寻隐者不遇</h4>
76                  <h5>【作者】贾岛<br>
77                      【朝代】唐
78                  </h5>
79                  <p>
80                      松下问童子,言师采药去。<br>
81                      只在此山中,云深不知处。</p>
82              </dd>
83              <div class = "clearFloat">
84              </div>
85          </dl>
86      </div>
87  </body>
88  </html>
```

外链式 CSS 文件 style03.css 代码如下。

```
1   *{margin:0;
2   padding:0;
3   border:0;}
4   ul li{list-style:none;}
5   a:link{text-decoration:none;}
6   /* 模块一#section1,模块二#section2 宽度 1200px,上下外边距 10px,居中对齐 */
7   #section1,#section2 {
8       width: 1200px;
9       margin:10px auto;    /* 宽度 1200px */
10  }
11  /* #section1,#section2 部分的三级标题 */
12  #section1 h3,#section2 h3 {
13      height: 36px;/* 高 36px */
14      background-color: coral;/* 背景色珊瑚色 */
15      border: 2px dotted gold;/* 边框 2px 粗细,点线,金色 */
16      border-radius: 10px;/* 圆角半径 10px */
17      padding-top: 10px;/* 上内填充为 10px */
18      padding-bottom:10px;/* 下内填充为 10px */
19      font-size: 28px;/* 字体大小 28px */
20      font-family: myFont;/* 字体为自定义字体,初始化处已经定义 */
21      color: gold;/* 文本颜色为金色 */
22      text-align: center;/* 文本居中对齐 */
23      letter-spacing: 1em;/* 文本间距 1 倍文本大小 */
24  }
25  #section1 ul{width:400px;
26          margin:20px auto;}
27  #section1 ul li{text-align:center;}
```

```
28    /* 模块二 #section2 dl 作为图文并茂列表容器的 css 样式 */
29    #section2 dl {
30      width: 1200px;/* 宽度 1200px */
31      height:500px;
32      margin-bottom: 10px;/* 下外边距 10px */
33      margin-top: 10px;/* 上外边距 10px */
34    }
35    /* 模块 2　#section2 dl 即图文并茂列表的图像容器 dt 的 css 样式 */
36    #section2 dl dt {
37      width: 300px;/* 宽度 300px */
38      height: 500px;/* 高度 150px */
39      margin-left: 10px;/* 左外边距 10px */
40      float: left;/* 左浮动 */
41    }
42    /* dt 中图像 CSS 样式 */
43    #section2 dl dt img {
44      width: 100%;/* 宽度 100% */
45    }
46    /* 模块 2　#section2 dl 即图文并茂的文本容器的 css 样式 */
47    #section2 dl dd {
48      width: 800px;/* 宽度 800px */
49      background: rgba(255, 255, 255, 0.6);/* 背景色为白色透明色 */
50      margin-right: 10px;/* 右外边距 10px */
51      padding-left: 20px;/* 左内填充 20px */
52      padding-right: 20px;   /* 右内填充 20px */
53      padding-top: 20px;/* 上内填充 20px */
54       float: right;/* 右浮动 */
55    }
56  /* dl 列表的文本容器 dd 中的 4 级标题样式 */
57    #section2 dl dd h4 ,#section2 dl dd h5{
58      margin-bottom: 16px;
59      text-align:center;/* 文本居中对齐 */
60    }
61    /* dl 列表的文本容器 dd 中的段落样式 */
62  #section2 dl dd p {
63      white-space: pre;/* 格式预定义 */
64    }
65    /* 偶数 dl 列表中的文本居左对齐 */
66    #section2 dl:nth-of-type(2n) dd {
67      width: 800px;/* 宽度 800px */
68      margin-right: 10px;/* 右外边距 10px */
69      margin-left: 10px;/* 左外边距 10px */
70      float: left;/* 左浮动 */
71    }
72    /* 偶数 dl 列表中的图像居右对齐 */
73    #section2 dl:nth-of-type(2n) dt {
```

```
74    width：300px；/＊ 宽度 300px ＊/
75    margin-right：10px；/＊ 右外边距 10px ＊/
76    float：right；/＊ 右浮动 ＊/
77  }
```

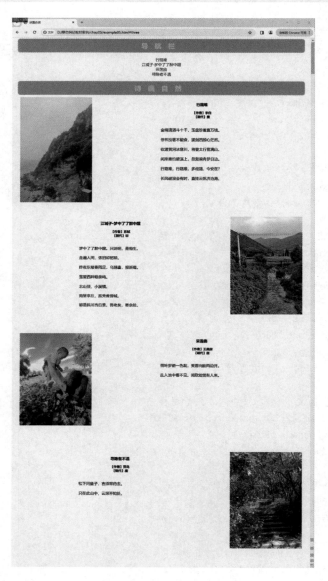

图 5‑10　例 5‑5 example05.html 诗画自然效果图

项目 6

布局与定位"爱的回音壁"页面

知识目标

（1）掌握网页布局的基本思想。
（2）理解四种定位模式，包括静态定位、相对定位、绝对定位、固定定位的含义和作用。
（3）掌握 z-index 的含义和作用。

能力目标

（1）能够合理布局网页页面。
（2）能够正确使用语义化标签布局网页。
（3）能够灵活运用四种定位模式定位网页元素。

素质目标

（1）具备诚实守信的品德。
（2）具有爱自己、爱他人、爱人类、爱自然的能力。
（3）具有积极乐观的人生态度。

6.1　常用布局标签

6.1.1　div

HTML5 新增语义化标签如图 6-1 所示。

1. header 头部标签

<header>元素用于展示介绍性内容，通常包含一组介绍性的或是辅助导航的实用元素。它可能包含一些标题元素，但也可能包含其他元素，比如 Logo、搜索框、作者名称，等等。

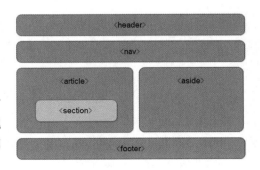

图 6-1　HTML5 新增语义化标签

2. footer 尾部标签

<footer>元素表示最近一个章节内容或者根节点（sectioning root）元素的页脚。一个页脚通常包含该章节作者、版权数据或者与文档相关的链接等信息。

3. nav 导航标签

<nav>元素表示页面的一部分，其目的是在当前文档或其他文档中提供导航链接。导航部分的常见示例是菜单、目录和索引。

4. section 块级标签

<section>元素表示一个包含在 HTMLQ 文档中的独立部分，它没有更具体的语义元素来表示，一般来说会有包含一个标题。

5. article 内容标签

<article>元素表示文档、页面、应用或网站中的独立结构，其意在成为可独立分配的或可复用的结构，如在发布中，它可能是论坛帖子、杂志或新闻文章、博客、用户提交的评论、交互式组件，或者其他独立的内容项目。

6. aside 侧边栏标签

<aside>元素表示一个和其余页面内容几乎无关的部分，被认为是独立于该内容的一部分并且可以被单独地拆分出来，而不会使整体受影响。其通常表现为侧边栏或者标注框。

6.2 标签的定位模式

在 CSS 中，通过 CSS 定位（CSS position）可以实现网页元素的精确定位。元素的定位属性主要包括定位模式和边偏移两部分，如图 6-2 所示。

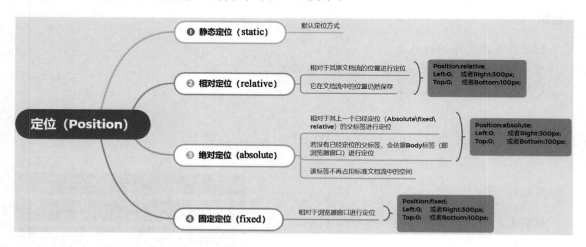

图 6-2 定位模式思维导图

1. 定位模式

position 属性用于定义元素的定位模式，其基本语法格式如下：

选择器｛position：属性值；｝

position 属性的常用值有四个,具体如表 6 - 1 所示。

表 6 - 1 position 属性的常用值

值	描 述
static	自动定位(默认定位方式)
relative	相对定位,相对于其原文档流的位置进行定位
absolute	绝对定位,相对于其上一个已经定位的父元素进行定位
fixed	固定定位,相对于浏览器窗口进行定位

2. 边偏移

通过边偏移属性 top、bottom、left 或 right,来精确定义定位元素的位置,其取值为不同单位的数值或百分比,如表 6 - 2 所示。

表 6 - 2 边偏移属性描述

边偏移属性	描 述
top	顶端偏移量,定义元素相对于其父元素上边线的距离
bottom	底部偏移量,定义元素相对于其父元素下边线的距离
left	左侧偏移量,定义元素相对于其父元素左边线的距离
right	右侧偏移量,定义元素相对于其父元素右边线的距离

6.2.1 静态定位

静态定位是元素的默认定位方式,当 position 属性的取值为 static 时,可以将元素定位于静态位置。所谓静态位置就是各个元素在 HTML 文档流中默认的位置。任何元素在默认状态下都会以静态定位来确定自己的位置,所以当没有定义 position 属性时,并不说明该元素没有自己的位置,它会遵循默认值显示为静态位置。在静态定位状态下,无法通过边偏移属性(top、bottom、left 或 right)来改变元素的位置。

例 6 - 1 example01.html 测试静态定位,效果如图 6 - 3 所示。

```
1    <! DOCTYPE html>
2    <html>
3     <head>
4        <meta charset = "utf-8">
5        <title>#child2 静态定位</title>
6        <style type = "text/css">
7        * {
8           margin: 0;
```

```
9          padding: 0;
10         border: 0;
11       }
12      .father {
13         width: 600px;
14         height: 620px;
15         background: #ccc;
16         margin: 10px auto;
17      }
18      #child1,#child2,#child3 {
19         width: 200px;
20         height: 200px;
21      }
22      #child1{background: red;}
23      #child2 {background: green;}
24      #child3 {background: blue;}
25      #child2 {
26         position: static;/* 静态定位 */
27         left: 200px;/* 左偏移量 200px; */
28         top: 200px;/* 上偏移量 200px; */
29      }
30    </style>
31   </head>
32   <body>
33    <div class = "father">
34      <div id = "child1"></div>
35      <div id = "child2"></div>
36      <div id = "child3"></div>
37    </div>
38   </body>
39 </html>
```

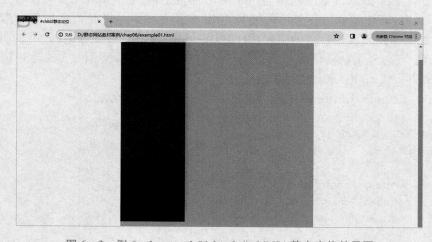

图 6-3　例 6-1 example01.html #child01 静态定位效果图

6.2.2 相对定位

相对定位是将元素相对于它在标准文档流中的位置进行定位。将 example01.html 中第 26 行 position 值改为 relative，代码如下：

position：relative；

例 6 - 2 example02.html 测试相对定位，效果如图 6 - 4 所示。

```
1    <! DOCTYPE html>
2    <html>
3    <head>
4        <meta charset = "utf-8">
5        <title>＃child2 相对定位</title>
6        <style type = "text/css">
7        * {
8            margin：0；
9            padding：0；
10           border：0；
11         }
12        .father {
13           width：600px；
14           height：620px；
15           background：＃ccc；
16           margin：10px auto；
17        }
18         ＃child1,＃child2,＃child3 {
19            width：200px；
20            height：200px；
21        }
22        ＃child1{background：red；}
23        ＃child2 {background：green；}
24        ＃child3 {background：blue；}
25        ＃child2 {
26            position：relative；/＊ 相对定位 ＊/
27            left：200px；/＊ 左偏移量 200px；＊/
28            top：200px；/＊ 上偏移量 200px；＊/
29        }
30       </style>
31    </head>
32    <body>
33      <div class = "father">
34        <div id = "child1"></div>
35        <div id = "child2"></div>
36        <div id = "child3"></div>
37      </div>
```

```
38    </body>
39  </html>
```

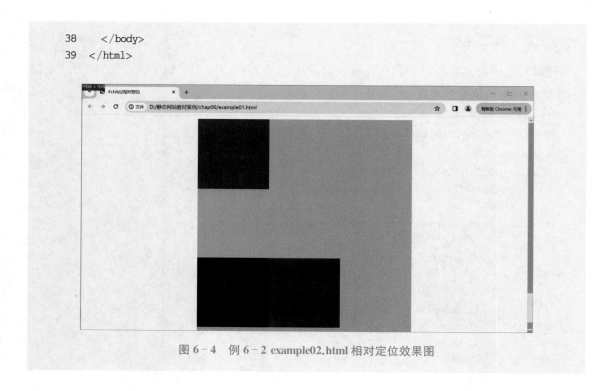

图 6-4 例 6-2 example02.html 相对定位效果图

6.2.3 绝对定位

绝对定位是将元素依据最近的已经定位（绝对、固定或相对定位）的父元素进行定位，若所有父元素都没有定位，则依据 body 根元素（浏览器窗口）进行定位。

将 example01.html 中第 26 行 position 值改为 absolute，代码为：position：absolute；。

需要注意的是，要将其父元素.father 的定位模式设置为 absolute 或 relative，这里我们设置为 relative，即在第 17 行插入代码：position：relative；。

例 6-3 example03.html 测试绝对定位，效果如图 6-5 所示。

```
1   <! DOCTYPE html>
2   <html>
3    <head>
4     <meta charset = "utf-8">
5     <title>＃child2 绝对定位</title>
6     <style type = "text/css">
7       * {
8           margin：0;
9           padding：0;
10          border：0;
11       }
12      .father {
13            width：600px;
```

```
14              height：620px；
15              background：#ccc；
16              margin：10px auto；
17              position：relative；
18          }
19      #child1，#child2，#child3 {
20              width：200px；
21              height：200px；
22          }
23      #child1{background：red；}
24      #child2 {background：green；}
25      #child3 {background：blue；}
26      #child2 {
27              position：absolute；/* 绝对定位 */
28              left：200px；/* 左偏移量 200px；*/
29              top：200px；/* 上偏移量 200px；*/
30          }
31      </style>
32  </head>
33  <body>
34      <div class = "father">
35          <div id = "child1"></div>
36          <div id = "child2"></div>
37          <div id = "child3"></div>
38      </div>
39  </body>
40  </html>
```

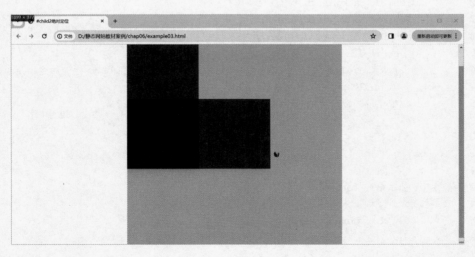

图 6 - 5　例 6 - 3 example03.html 绝对定位的效果图

6.2.4　固定定位

固定定位是绝对定位的一种特殊形式，它以浏览器窗口作为参照物来定义网页元素。当 position 属性的取值为 fixed 时，即可将元素的定位模式设置为固定定位。

将 example01.html 中第 26 行 position 值改为 fixed，代码为：position：fixed；。

例 6－4　example04.html 测试固定定位，效果如图 6－6 所示。

```
1   <! DOCTYPE html>
2   <html>
3   <head>
4     <meta charset = "utf-8">
5     <title>＃child2 绝对定位</title>
6     <style type = "text/css">
7       * {
8           margin: 0;
9           padding: 0;
10          border: 0;
11      }
12      .father {
13          width: 600px;
14          height: 620px;
15          background: ＃ccc;
16          margin: 10px auto;
17      }
18      ＃child1,＃child2,＃child3 {
19          width: 200px;
20          height: 200px;
21      }
22      ＃child1{background: red;}
23      ＃child2{background: green;}
24      ＃child3{background: blue;}
25      ＃child2 {
26          position: fixed;/* 固定定位,相对于浏览器即网页的<body>标签的绝对定位 */
27          left: 200px;/* 左偏移量 200px; */
28          top: 200px;/* 上偏移量 200px; */
29      }
30    </style>
31   </head>
32   <body>
33     <div class = "father">
34         <div id = "child1"></div>
35         <div id = "child2"></div>
36         <div id = "child3"></div>
37     </div>
38   </body>
39   </html>
```

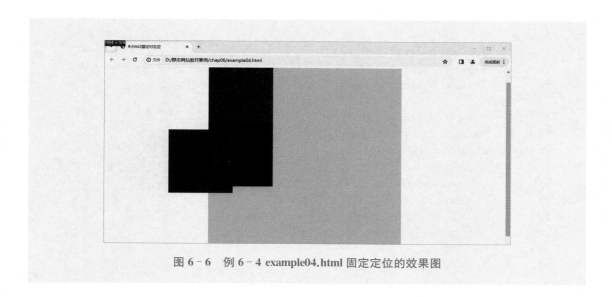

图 6 - 6　例 6 - 4 example04.html 固定定位的效果图

6.3　z-index 属性

当对多个元素同时设置定位时,定位元素之间有可能会发生重叠,z-index 可以调整重叠定位元素的堆叠顺序,其取值可为正整数、负整数和 0。z-index 的默认值是 0。在 example03.html 的基础上分别在 #child1 规则中设置 z-index 为 2,如程序 example05.html 中第 30 行;同时,将 #child2 规则中设置 z-index 为 1;#child3 中没有设置 z-index,则默认为 0。从而改变了三个子元素的堆叠顺序。#child1 堆叠在最上边,其次 #child2,最下边是 #child3。

例 6 - 5　example05.html 通过 z-index 属性实现定位元素的重叠,效果如图 6 - 7 所示。

```
1    <! DOCTYPE html>
2    <html>
3     <head>
4        <meta charset = "utf-8">
5        <title>z-index 层叠顺序</title>
6        <style type = "text/css">
7          * {
8             margin: 0;
9             padding: 0;
10            border: 0;
11          }
12        .father {
13            width: 600px;
14            height: 620px;
15            background: #ccc;
16            margin: 10px auto;
17            position:relative;
```

```
18        }
19        #child1,#child2,#child3 {
20            width: 200px;
21            height: 200px;
22        }
23        #child1{background: red;}
24        #child2 {background: green;}
25        #child3 {background: blue;}
26        #child1 {
27            position: absolute;/* 绝对定位 */
28            left: 100px;/* 左偏移量 200px; */
29            top: 100px;/* 上偏移量 200px; */
30            z-index:2;
31        }
32        #child2 {
33            position: absolute;/* 绝对定位 */
34            left: 200px;/* 左偏移量 200px; */
35            top: 200px;/* 上偏移量 200px; */
36            z-index:1;
37        }
38        #child3 {
39            position: absolute;/* 绝对定位 */
40            left: 300px;/* 左偏移量 200px; */
41            top: 300px;/* 上偏移量 200px; */
42        }
43    </style>
44  </head>
45  <body>
46    <div class = "father">
47      <div id = "child1"></div>
```

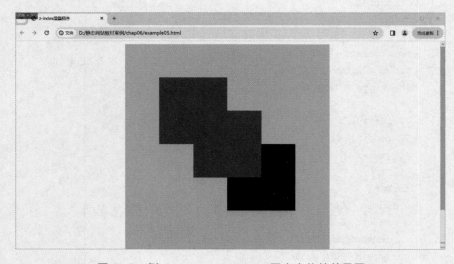

图 6－7 例 6－5 example05.html 固定定位的效果图

```
48          <div id = "child2"></div>
49          <div id = "child3"></div>
50      </div>
51    </body>
52  </html>
```

6.4 阶段案例——爱的回音壁 banner 区域

阶段案例"爱的回音壁"banner 区域通过 HTML 结构和 CSS 表现相分离的方式实现了页面中 banner 区域的布局效果。其中网页主体结构由 HTML 文件 example06.html 实现。banner 区域确定了整个页面中的一个布局区域；其内包含内容区域，用于对内容部分实现样式效果，容器内的内容包含五个并列排布的元素，包括：1 个图片、1 个标题、2 个段落、1 个超链接列表。

例 6-6 example06.html 综合运用相对定位、绝对定位盒子模型实现"爱的回音壁"banner 区域不同元素的布局，其效果如图 6-8 所示。

```
1  <! DOCTYPE html>
2  <html>
3    <head>
4        <meta charset = "utf-8">
5        <title>爱的回音壁 banner 区域</title>
6        <link rel = "stylesheet" type = "text/css" href = "css/style06.css"/>
7    </head>
8    <body>
9      <! -- 网页 banner 区域 -->
10     <div class = "banner">
11     <! -- banner 容器 -->
12     <div class = "banner_container">
13       <div id = "div2">
14         <img src = "images06/love.jpg">
15       </div>
16       <h1>爱的回音壁</h1>
17       <p id = "p1">孩子在被他人需要时,感受到了一个幼小生命的意义。</p>
18       <p id = "p2">爱是一面辽阔光滑的回音壁,微小的爱意反复回响着折射着,变成巨大的
轰鸣。当付出的爱被隆重地接受并珍藏时,孩子也终于能强烈地感觉到被爱的尊贵与神圣。
<cite>————毕淑敏</cite></p>
19       <section>
20         <ul>
21           <li><a href = "#one">学会爱自己</a></li>
22           <li><a href = "#two">学会爱世界</a></li>
23           <li><a href = "#three">学会爱人类</a></li>
24           <li><a href = "#four">学会爱自然</a></li>
25           <li><a href = "#five">在爱中领略被爱</a></li>
26           <li><a href = "#four">爱的力量</a></li>
```

```
27        </ul>
28      </section>
29     </div>
30    </div>
31  </body>
32  </html>
```

我们来解释一下 example06.html 中的代码。网页 banner 区域从第 10 行到第 30 行。其中第 10 行<div class="banner">中 class="banner"表示 banner 区域类名为"banner"；banner 容器是从第 12 行到第 29 行的一对 div 标签之间,其中第 12 行<div class="banner_container">标签指出类名为"banner_container"的容器；在容器中包含五个元素：第一个元素是从第 13 行到第 15 行,id 值为"div2"区域中的一张图片<img>；第二个元素是第 16 行<h1></h1>的一级标题；第三个元素是第 17 行<p id="p1"></p>为一个段落；第四个元素为第 18 行为<p id="p2"></p>为 id="p2"的段落；第五个元素为第 19 行到第 28 行的一对标签<section></section>之间包含的一个区域,该区域中包含有<ul></ul>无序列表所罗列的超链接列表区域。

接下来我们通过 style06.css 来表现"爱的回音壁"banner 区域的样式。

style06.CSS 代码如下。

```
1   * {
2     margin: 0;
3     padding: 0;
4     border: 0;
5   }
6   ul li{list-style:none;}
7   /* 自定义字体 */
8   @font-face {
9       font-family: myFont;
10      /* 字体名称为 myFont */
11      src: url(../fonts/FZJZJW.TTF);
12      /* 字体路径 */
13  }
14  .banner {
15    width: 100%;/* 宽度 100% */
16    height: 400px;/* 高度 400px */
17    background-color: gainsboro;/* 背景色浅灰色 */
18  }
19  .banner .banner_container {/* banner 区域内容容器 */
20    width: 1200px; /* 宽度 1200px */
21    height: 400px; /* 高度 400px */
22    margin: 0px auto; /* 居中对齐 */
23    position: relative;
24    /* 相对定位——为段落 P 和 section 区域的绝对定位打基础 */
25    background-image: url(../images06/bg.jpg); /* 背景图像 */
26  }
```

```
27   .banner .banner_container #div1{
28     width:260px;height:400px;position:absolute;left:180px;top:0px;}
29   .banner .banner_container #div2{
30     width:300px;height:400px;position:absolute;right:260px;top:0px;}
31   .banner .banner_container #div1 img{width:100%;height:100%;}
32   .banner .banner_container #div2 img{width:100%;height:100%;}
33   .banner .banner_container h1{
34     width:300px;
35     height:50px;
36     position:absolute;
37     top:60px;
38     left:60px;
39     font-size:50px;
40     font-family:myFont;;
41     color:#FFFF00;
42   }
43   .banner .banner_container #p1 {
44     width: 400px;      /* 宽度 400px */
45     height: 60px;      /* 高度 60px */
46     position: absolute;/* 绝对定位 */
47     left: 100px;       /* 距离左边 400px */
48     top: 160px;        /* 距离上边 160px */
49     font-size: 30px;   /* 文本大小 30px */
50     font-family: "楷体";   /* 字体为自定义字体 myFont */
51     color: #fff;       /* 文本颜色为金色 */
52     text-indent:2em;
53   }
54   .banner .banner_container #p2 {
55     width: 460px;      /* 宽度 400px */
56     height: 200px;     /* 高度 60px */
57     position: absolute;/* 绝对定位 */
58     left: 160px;       /* 距离左边 400px */
59     top: 260px;        /* 距离上边 160px */
60     font-size: 20px;   /* 文本大小 30px */
61     font-family: "楷体";   /* 字体为自定义字体 myFont */
62     color: #fff;       /* 文本颜色为金色 */
63     text-indent:2em;
64   }
65   .banner .banner_container section {
66     width: 220px;      /* 宽度 260px */
67     height: 380px;     /* 高度 380px */
68     background-color: rgba(f, f, f, 0.3);/* 背景色透明 */
69     position: absolute;/* 绝对定位 */
70     right: 20px;/* 距离右边 20px */
71     top: 0;    /* 距离上边 0px */
72     padding-top: 20px;   /* 上内填充 20px */
73     border-radius: 10px;/* 圆角边框的圆角半径 10px */
74   }
```

```
75    .banner .banner_container section ul li {
76        width: 100%;/* 宽度 100% */
77        height: 40px;/* 高度 50px */
78        background: rgba(0,255,200,0.5) url(../images/item.jpg) no-repeat 0px 0px;
79        /* 背景透明色,图像位置,不重复,坐标 0px 0px */
80        margin-bottom: 20px;/* 下外边距 20px */
81        border-radius: 10px;/* 圆角半径 10px */
82        line-height: 40px;/* 行高 50px */
83        text-align: center;   /* 文本居中对齐 */
84    }
85    .banner .banner_container section ul li a {
86        text-decoration: none;/* 去掉下划线 */
87        color: #fff;/* 文本颜色为白色 */
88    }
89    .banner .banner_container section ul li a:hover {
90        color: rgb(200,200,200);/* 文本颜色为浅灰色 */
91 }
```

从第 1 行到第 13 行初始化整个网页的样式;从第 14 行到第 18 行定义了 banner 区域的样式;从第 19 行到第 26 行 banner 容器区域的样式;从第 29 行到第 30 行定义了元素 id 值为 div2 的样式;第 32 行定义了 div2 区域中图像元素 img 的大小,充满 div2 的整个区间;从第 33 行到第 42 行定义了一级标题 h1 的样式;从第 43 行到第 53 行定义了段落 p1 的样式;从第 54 到第 64 行定义了段落 p2 的样式;从第 65 行到第 74 行定义了 section 区域的样式;从第 75 行到第 84 行定义超链接列表区域中每个列表项<li></li>的样式;从第 85 到第 88 行定义了列表中超链接<a></a>的样式;从第 89 到第 91 行定义了超链接悬浮时(a:hover)的样式。

图 6-8   例 6-6example06.html 效果图

项目 7

"在线注册"表单页面

知识目标

（1）掌握表格标签的应用。

（2）理解表单的构成。

（3）掌握表单相关标签。

（4）掌握表单样式。

能力目标

（1）能够创建表格并添加表格样式。

（2）能够创建表单以及指定功能的表单控件。

（3）能够使用表单 CSS 样式美化表单界面。

素质目标

（1）具有爱国爱家的情怀。

（2）具有责任担当的使命感。

（3）具有忧患意识。

7.1 表　格

在制作网页时，为了使网页中的元素有清晰结构化地显示，HTML 语言提供了表格标签，本节将对这些标签进行详细的讲解，如图 7-1 所示。

7.1.1 创建表格<table><tr><td>标签及属性

表格是一个二维图形，由行数和列数设置即可。然而在 HTML 网页中，所有的元素都是通过标签定义的，要想创建表格，就需要使用与表格相关的标签。使用标签创建表格的基本语法格式如下：

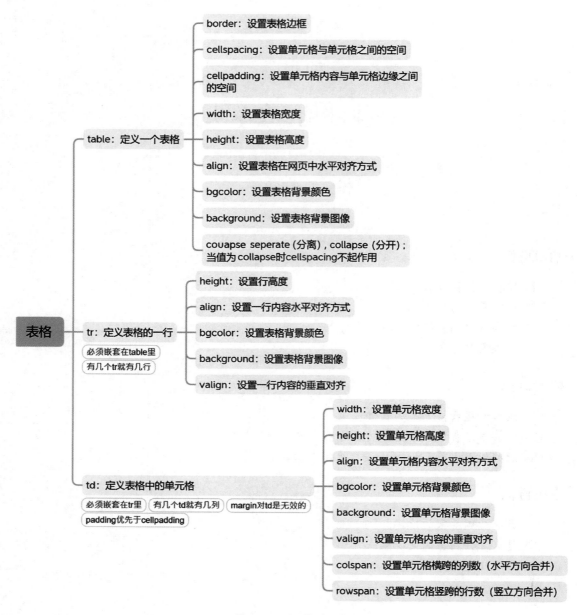

图 7-1 表格标签

```
<table>
    <tr>
        <td>单元格内的文字</td>
    </tr>
</table>
```

在上面的语法中包含 3 对 HTML 标签，分别为<table></table>、<tr></tr>、<td></td>，它们是创建 HTML 网页中表格的基本标签，缺一不可。对这些标签的具体解释如下。

- <table></table>用于定义一个表格的开始与结束。在<table>标签内部,可以放置表格的标题、表格行和单元格等。
- <tr></tr>用于定义表格中的一行,必须嵌套在<table></table>标签中,在<table></table>中包含几对<tr></tr>,就表示该表格有几行。
- <td></td>:用于定义表格中的单元格,必须嵌套在<tr></tr>标签中,一对<tr></tr>中包含几对<td></td>,就表示该行中有多少列(或多少个单元格)。

了解了创建表格的基本语法,下面我们通过一个案例进行演示,如例7-1所示。

例7-1 example01.html定义一个4行4列的表格。

```
1<! DOCTYPE html>
2<html>
3  <head>
4    <meta charset = "utf-8">
5    <title>基本表格</title>
6  </head>
7  <body>
8    <table align = "center" width = "400px" height = "400px" border = "10px"
9    cellspacing = 10px cellpadding = "0px" bgcolor = "pink">
10      <tr><! -- 第一行 -->
11        <td>行1列1</td><! -- 第一列 -->
12        <td>行1列2</td><! -- 第二列 -->
13        <td>行1列3</td><! -- 第三列 -->
14        <td>行1列4</td><! -- 第四列 -->
15      </tr>
16      <tr height = "60px" bgcolor = "yellow" align = "right" valign = "bottom"><! -- 第二
行 -->
17        <td width = "200px" height = "200px" bgcolor = "red" align = "center"
18        valign = "middle" colspan = "2">行2列1,行2列2</td>
19        <td>行2列3</td>
20        <td>行2列4</td>
21      </tr>
22      <tr><! -- 第三行 -->
23        <td rowspan = "2">行3列1<br>行4列1</td>
24        <td>行3列2</td>
25        <td>行3列3</td>
26        <td>行3列4</td>
27      </tr>
28      <tr><! -- 第四行 -->
29        <td>行4列2</td>
30        <td>行4列3</td>
31        <td>行4列4</td>
32      </tr>
33    </table>
34  </body>
35</html>
```

在例 7－1 中,使用了表格标签定义了 4 行 4 列的表格。该表格的<table><tr><td>标签中分别使用了属性。第 8 行 table 标签中的 align＝"center"表示整个表格在页面中居中对齐;width＝"400px" 和 height＝"400px"定义了表格宽 400 px,高 400 px;border＝"10px"定义了表格的边框为 10 px 粗细;cellspacing＝"10px"定义了单元格间距为 10 px 大小;cellpadding＝"0px"定义了单元格填充为 0 px;bgcolor＝"pink"定义了表格背景色为粉色。

在例 7－1 中第 16 行定义了行的相关属性。如 height＝"60px"表示当前行高为 60 px;bgcolor＝"yellow"表示背景色为黄色;align＝"right"表示对齐方式居右对齐;valign＝"bottom"表示垂直居下对齐。

在例 7－1 中第 17、18 行定义了单元格的属性。如 width＝"200px"和 height＝"200px"表示当前单元格宽为 200 px,高位 200 px;bgcolor＝"red" 表示当前单元格背景色为红色;align＝"center" 表示当前单元格居中对齐;valign＝"middle"表示当前单元格垂直居中;colspan＝"2"表示将当前单元格与其右边的单元格合并为 1 个单元格。

关于表格标签<table>、行标签<tr>、列标签<td>的属性如表格 7－1、表格 7－2、表格 7－3 所示。运行效果如图 7－2 所示。

表 7－1　　<table>标签常用属性

属　　性	描　　　　述	常 用 属 性 值
border	设置表格的边框(默认 border＝"0"为无边框)	像素值
cellspacing	设置单元格与单元格边框之间的空白间距	像素值(默认为 2 像素)
cellpadding	设置单元格内容与单元格边框之间的空白间距	像素值(默认为 1 像素)
width	设置表格的宽度	像素值
height	设置表格的高度	像素值
align	设置表格在网页中的水平对齐方式	left、center、right
bgcolor	设置表格的背景颜色	预定义的颜色值、十六进制♯RGB、rgb(r,g,b)
background	设置表格的背景图像	url 地址

表 7－2　　<tr>标签常用属性

属　　性	描　　　　述	常 用 属 性 值
height	设置行高度	像素值
align	设置一行内容的水平对齐方式	left、center、right
valign	设置一行内容的垂直对齐方式	top、middle、bottom
bgcolor	设置行背景颜色	预定义的颜色值、十六进制♯RGB、rgb(r,g,b)
background	设置行背景图像	url 地址

表 7 - 3　<td>标签常用属性

属 性 名	含 义	常 用 属 性 值
width	设置单元格的宽度	像素值
height	设置单元格的高度	像素值
align	设置单元格内容的水平对齐方式	left、center、right
valign	设置单元格内容的垂直对齐方式	top、middle、bottom
bgcolor	设置单元格的背景颜色	预定义的颜色值、十六进制♯RGB、rgb(r,g,b)
background	设置单元格的背景图像	url 地址
colspan	设置单元格横跨的列数(用于合并水平方向的单元格)	正整数
rowspan	设置单元格竖跨的行数(用于合并竖直方向的单元格)	正整数

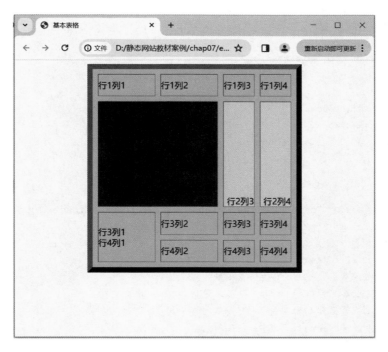

图 7 - 2　例 7 - 1 example01.html 基本表格

在<td>标签的属性中,应重点掌握 colspan 和 rowspan,其他的属性了解即可,不建议使用,这些属性均可用 CSS 样式属性替代。

当对某一个<td>标签应用 width 属性设置宽度时,该列中的所有单元格均会以设置的宽度显示。

当对某一个<td>标签应用 height 属性设置高度时,该行中的所有单元格均会以设置的高度显示。

7.1.2 <th>标签及属性

<th>标签及其属性应用表格时经常需要为表格设置表头,以使表格的格式更加清晰,方便查阅。表头一般位于表格的第一行或第一列,其文本加粗居中,如图 7-3 所示。设置表头非常简单,只需用表头标签<th></th>替代相应的单元格标签 <td></td>即可。

<th></th>标签与<td></td>标签的属性和用法完全相同,但是它们具有不同的语义。<th></th>用于定义表头单元格,其文本默认加粗居中显示;而<td></td>定义的为普通单元格,其文本为普通文本且默认水平左对齐显示。对于<th>表头单元格的属性请参照表 7-3 <td>标签常用属性。

例 7-2   example02.html 通过<th>标签为例 7-1 中的表格设置列标题和行标题。

```
1<! DOCTYPE html>
2<html>
3  <head>
4    <meta charset = "utf-8">
5    <title>带表头单元格的表格</title>
6    <style type = "text/css">
7      th {
8        background: skyblue;
9      }
10     .thh {
11       width: 100px;
12       font-size: 12px;
13     }
14   </style>
15  </head>
16  <body>
17   <table align = "center" width = "400px" height = "400px" border = "10px"
18   cellspacing = 10px cellpadding = "0px" bgcolor = "pink">
19    <tr>
20      <th>行/列</th><! -- 表头单元格 -->
21      <th>第一列</th><! -- 表头单元格 -->
22      <th>第二列</th><! -- 表头单元格 -->
23      <th>第三列</th><! -- 表头单元格 -->
24      <th>第四列</th><! -- 表头单元格 -->
25    </tr>
26    <tr>
27      <th class = "thh">第一行</th><! -- 表头单元格 -->
28      <td>行 1 列 1</td>
29      <td>行 1 列 2</td>
30      <td>行 1 列 3</td>
31      <td>行 1 列 4</td>
```

```
32      </tr>
33      <tr height = "60px" bgcolor = "yellow" align = "right" valign = "bottom">
34          <th class = "thh">第二行</th><! -- 表头单元格 -->
35          <td width = "200px" height = "200px" bgcolor = "red" align = "center"
36           valign = "middle" colspan = "2">行 2 列 1,行 2 列 2</td>
37          <td>行 2 列 3</td>
38          <td>行 2 列 4</td>
39      </tr>
40      <tr>
41          <th class = "thh">第三行</th><! -- 表头单元格 -->
42          <td rowspan = "2">行 3 列 1<br>行 4 列 1</td>
43          <td>行 3 列 2</td>
44          <td>行 3 列 3</td>
45          <td>行 3 列 4</td>
46      </tr>
47      <tr>
48          <th class = "thh">第四行</th><! -- 表头单元格 -->
49          <td>行 4 列 2</td>
50          <td>行 4 列 3</td>
51          <td>行 4 列 4</td>
52      </tr>
53      </table>
54  </body>
55</html>
```

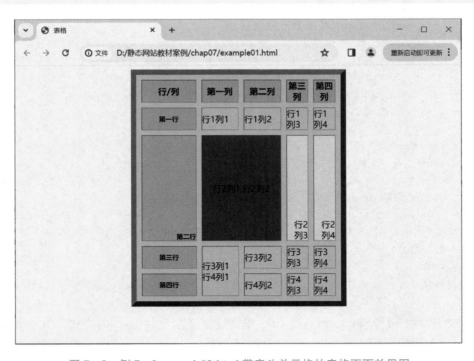

图 7 - 3　例 7 - 2 example02.html 带表头单元格的表格页面效果图

7.1.3 表格 CSS 样式

除了表格标签自带的属性外，还可用 CSS 的边框、宽高、颜色等来控制表格样式。此外 CSS 中还提供了表格专用属性，以便控制表格样式。接下来，我们通过一个具体的案例演示设置表格边框的具体方法，如例 7－3 所示。

例 7－3　example03.html 通过 CSS 样式实现表格的外观效果。

```
1<! DOCTYPE html>
2<html>
3  <head>
4    <meta charset = "utf-8">
5    <title>表格 CSS 样式</title>
6    <style type = "text/css">
7      table{width:400px;
8            height:300px;
9            border:3px solid red;
10           background:paleturquoise;
11           margin:50px auto;
12           border-collapse: seperate;/* seperate 分离(默认)collapse 合并;
13           当值为 collapse 时,cellspacing 不起作用 */
14           }
15      td{
16           border:dashed yellow 1px;
17           margin:1px;/* 无效 */
18           padding:10px;/* padding 优先 */
19           background:pink;
20           }
21      #td1{width:60px;
22           height:60px;
23           background-color: red;
24           }
25    </style>
26  </head>
27  <body>
28    <table cellspacing = "20" cellpadding = "30px">
29      <tr><td id = "td1">行 1 列 1</td><td>行 1 列 2</td><td>行 1 列 3</td></tr>
30      <tr><td>行 2 列 1</td><td>行 2 列 2</td><td>行 2 列 3</td></tr>
31    </table>
32  </body>
33</html>
```

例 7－3 中第 15 行至第 20 行通过 CSS 规则设置了单元格<td>的样式。"border:dashed yellow 1px;"表示边框为 1 px 粗的黄色虚线；外边距"margin:1px;"针对单元格标签，设置无效；"padding:10px;"设置单元格内填充为 10 px，优先于 table 的 cellpadding 属性；

"background:pink;"设置单元格背景色为粉色。运行效果如图 7 - 4 example02.html 表格 CSS 样式页面效果图。

设置表格 CSS 样式,需要注意以下几点。

(1) 当表格的 border-collapse 属性取值包括 separate 和 collapse,其中 separate 为默认值,表示"分离"的含义;当取值为 collapse 时,表示"合并"的含义。当通过 CSS 设置表格的 CSS 样式:border-collapse:collapse;则 HTML 中设置的 cellspacing 属性值无效。

(2) 行标签<tr>无 border、padding、margin 样式属性。

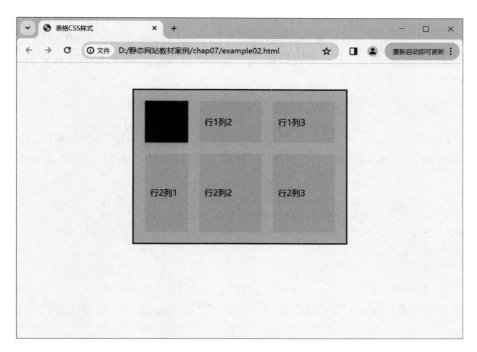

图 7 - 4　example02.html 表格 CSS 样式页面效果图

7.2　表　　单

表单是可以实现用户与网页的交互,例如注册页面的账户密码输入、网上订单页等,是以表单的形式来收集用户信息,并将这些信息传递给后台服务器,实现网页与用户间的沟通对话。本节将对表单进行详细的讲解。

7.2.1　表单的构成

在 HTML 中,一个完整的表单通常由表单控件、提示信息和表单域 3 个部分构成。如图 7 - 5 所示。

(1) 表单控件:包含了具体的表单功能项,如单行文本输入框、密码输入框、复选框、提交按钮、搜索框等。

图 7-5 表 单 构 成

（2）提示信息：一个表单中通常还需要包含一些说明性的文字，提示用户进行填写和操作。

（3）表单域：相当于一个容器，用来容纳所有的表单控件和提示信息，可以通过它处理表单数据所用程序的 url 地址，定义将数据提交到服务器的方法。如果不定义表单域，表单中的数据就无法传送到后台服务器。

7.2.2 创建表单

在 HTM5 中，<form></form>标签被用于定义表单域，即创建一个表单，以实现用户信息的收集和传递，<form></form>中的所有内容都会被提交给服务器。创建表单的基本语法格式如下：

```
<form action = "ur 地址" method = "提交方式" name = "表单名称">
各种表单控件
</form>
```

在上面的语法中，<form>与</form>之间的表单控件是由用户自定义的，action、method 和 name 为表单标签<form>的常用属性，分别用于定义 url 地址、表单提交方式及表单名称，具体介绍如下。

1. action 属性

在表单收集到信息后，需要将信息传递给服务器进行处理，action 属性用于指定接收并处理表单数据的服务器程序的 url 地址。

例如：<form action＝"data.asp">表示当提交表单时，表单数据会传送到名为"data.asp"的页面去处理 action 的属性值可以是相对路径或绝对路径，还可以为接收数据的 E-mail 邮箱地址。例如：

```
<form action = mailto:55555555@qq.com>
```

表示当提交表单时，表单数据会以电子邮件的形式传递出去。

2. method 属性

method 属性用于设置表单数据的提交方式，其取值为 get 或 post。在 HTML 中，可以通过<form>标签的 method 属性指明表单处理服务器数据的方法，示例代码如下：

```
<form action = "data.asp"  method = "get">
```

在上面的代码中，get 为 mehod 属性的默认值，采用 get 方法，浏览器会与表单处理服务器建立连接,然后直接在一个传输步骤中发送所有的表单数据。

如果采用 post 方法,浏览器将会按照下面两步来发送数据。首先,浏览器将与 action 属性中指定的表单处理服务器建立联系;然后,浏览器按分段传输的方法将数据发送给服务器。另外,采用 get 方法提交的数据将显示在浏览器的地址栏中,保密性差,且有数据量的限制,而 post 方式的保密性好,并且无数据量的限制,所以使用 mehod="post"可以大量地提交数据。

3. name 属性

表单中的 name 属性用于指定表单的名称,而表单控件中具有 name 属性的元素会将用户填写的内容提交给服务器。创建表单的示例如例 7-4 example05.html 的代码。

例 7-4 example05.html 创建表单页面效果如图 7-6 所示。

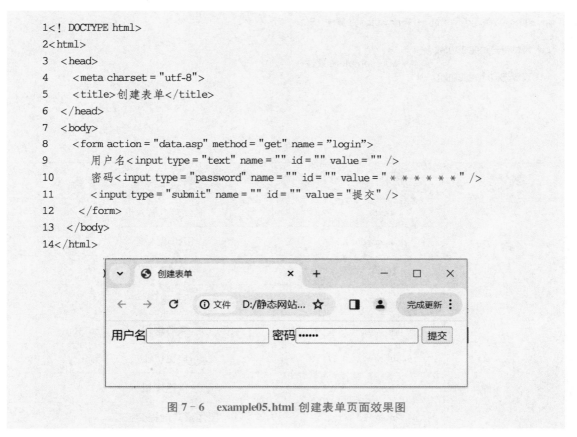

```
1<! DOCTYPE html>
2<html>
3  <head>
4    <meta charset = "utf-8">
5    <title>创建表单</title>
6  </head>
7  <body>
8    <form action = "data.asp" method = "get" name = "login">
9       用户名<input type = "text" name = "" id = "" value = "" />
10      密码<input type = "password" name = "" id = "" value = "* * * * * *" />
11      <input type = "submit" name = "" id = "" value = "提交" />
12    </form>
13  </body>
14</html>
```

图 7-6 example05.html 创建表单页面效果图

7.2.3 表单定义

novalidate 属性用于在提交表单时取消对表单进行有效的检查的验证,如图 7-7 所示。当为表单设置该属性时,可以关闭整个表单的验证,这样可以使 <form>标签内的所有表单控件不被验证。novalidate 属性的取值为它自身。

7.2.4 表单控件

html 提供了一系列表单控件,用于定义不同的表单功能,如文本域、单选框、下拉列表等,如表 7-4 所示。

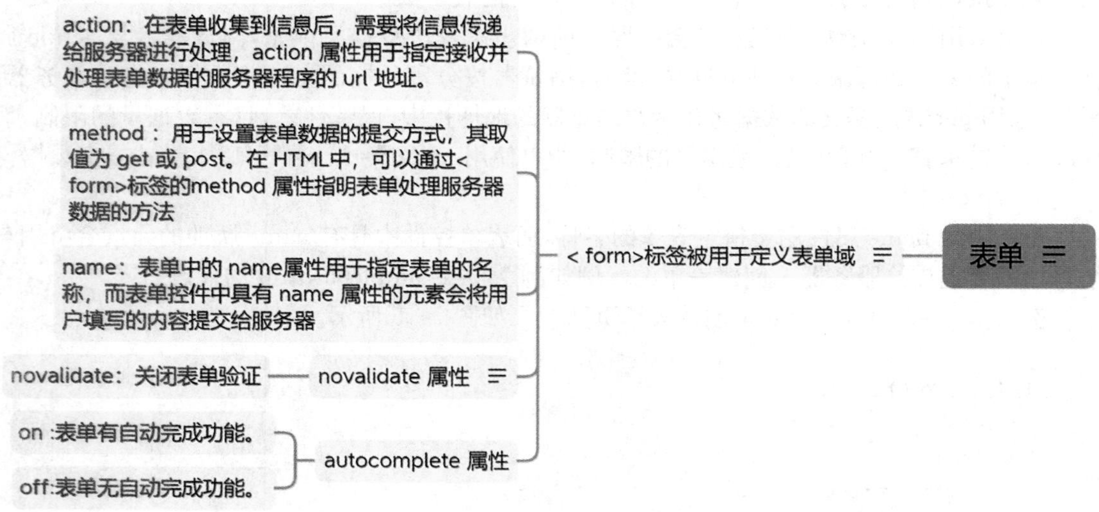

action: 在表单收集到信息后，需要将信息传递给服务器进行处理，action 属性用于指定接收并处理表单数据的服务器程序的 url 地址。

method：用于设置表单数据的提交方式，其取值为 get 或 post。在 HTML 中，可以通过<form>标签的 method 属性指明表单处理服务器数据的方法

name：表单中的 name 属性用于指定表单的名称，而表单控件中具有 name 属性的元素会将用户填写的内容提交给服务器

< form>标签被用于定义表单域

表单

novalidate：关闭表单验证 —— novalidate 属性

on：表单有自动完成功能。
off：表单无自动完成功能。 —— autocomplete 属性

图 7-7 表 单 属 性

表 7-4　input 表单控件

属　性	属 性 值	描　　　述
type	text	单行文本输入框
	password	密码输入框
	radio	单选按钮
	checkbox	复选框
	button	普通按钮
	submit	提交按钮
	reset	重置按钮
	image	图像形式的提交按钮
	hidden	隐藏域
	file	文件域
name	由用户自定义	控件的名称
value	由用户自定义	input 控件中的默认文本值
size	正整数	input 控件在页面中的显示宽度
readonly	readonly	该控件内容为只读(不能编辑修改)

续 表

属 性	属 性 值	描　　　述
disabled	disabled	第一次加载页面时禁用该控件（显示为灰色）
checked	checked	定义选择控件默认被选中的项
maxlength	正整数	控件允许输入的最多字符数

input 标签，根据其 type 属性值的不同，可以定义不同的表单控件，大家可以自己通过思维导图如图 7-8 整理相关控件及属性。

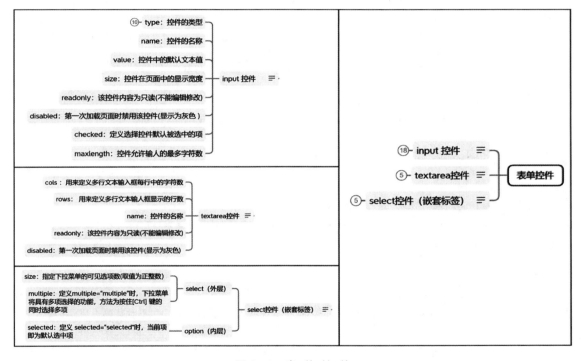

图 7-8 表 单 控 件

例 7-5 example06.html 注册页面效果如图 7-9 所示。

```
1<! DOCTYPE html>
2<html>
3  <head>
4    <meta charset = "utf-8">
5    <title>用户注册表单</title>
6  </head>
7  <body>
8    <h2>用户注册</h2>
```

```
 9    <form action = "ex02.html" method = "get">
10        用户名：<input type = "text" name = "a" id = "" value = "张三" /><! -- 文本框 -->
11        <br>
12        密码：<input type = "password" name = "pass" id = "" value = "＊＊＊＊＊＊" /><! --
密码框 -->
13        <br>
14        性别：
15        <label for = "male">男</label>
16        < input type = "radio" name = "sex" id = "male" value = "男" checked = "checked" /><! --
单选框组 name = "sex" -->
17        <label for = "female">女</label>
18        < input type = "radio" name = "sex" id = "female" value = "女" /><! -- 单选框 name =
"sex" -->
19        <br>
20        兴趣爱好：<label for = "c1">足球</label>
21        < input type = "checkbox" name = "interest" id = "c1" value = "足球" /><! -- 复选框组
interest -->
22        <label for = "c2">唱歌</label>
23        < input type = "checkbox" name = "interest" id = "c2" value = "唱歌" /><! -- 复选框组
interest -->
24        <label for = "c3">书法</label>
25        < input type = "checkbox" name = "interest" id = "c3" value = "书法" checked /><! -- 复
选框组 interest -->
26        <label for = "c4">演讲</label>
27        < input type = "checkbox" name = "interest" id = "c4" value = "演讲" /><! -- 复选框组
interest -->
28        <br>
29        籍贯：
30        <select name = "pp"><! -- 下拉菜单 -->
31          <option value = "辽宁省沈阳市">辽宁省沈阳市</option><! -- 下拉菜单选项 -->
32          <option value = "辽宁省大连市">辽宁省大连市</option><! -- 下拉菜单选项 -->
33          <option value = "北京市" selected = "selected">北京市</option><! -- 下拉菜单选
项 -->
34          <option value = "上海市">上海市</option><! -- 下拉菜单选项 -->
35        </select>
36        <br>
37        留言   <textarea rows = "5" cols = "50"></textarea><! -- 多行文本框 -->
38        <br>
39        < input type = "submit" name = "" id = "" value = "提交" /><! -- 提交按钮 -->
40    </form>
41  </body>
42</html>
```

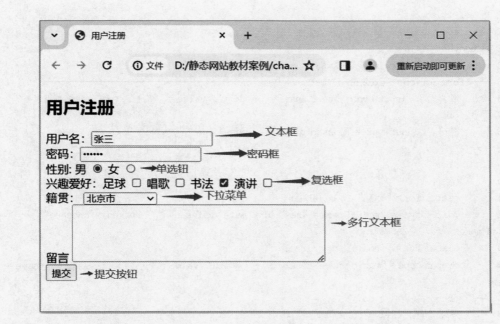

图 7 - 9   例 7 - 5 example06.html 用户注册页面

7.2.5   表单 CSS 样式

例 7 - 6   example07.html 美化后的注册页面效果如图 7 - 10 所示。

```
1<! DOCTYPE html>
2<html>
3  <head>
4    <meta charset = "utf-8">
5    <title>用户注册表单</title>
6    <style type = "text/css">
7        h2{text-align: center;}
8        form{width:520px;
9        height:400px;
10       margin:10px auto;/* 居中对齐 */
11       background: #00aaaa;
12       padding-top:20px;/* 上内填充 20px */
13       padding-left:50px;/* 左内填充 50px */
14       line-height:42px;/* 行高 42px */
15       border-radius:10px;/* 圆角半径 10px */
16       }
17       input[type = "submit"]{position:relative;/* 相对定位 */left:200px;
18       display:inline-block;/* 转换为行内元素 */width:60px;height:30px;
19       border-radius:10px;/* 圆角半径 10px */
20       }
```

```
21      </style>
22    </head>
23    <body>
24      <h2>用户注册</h2>
25      <form action = "ex02.html" method = "get">
26        用户名：<input type = "text" name = "a" id = "" value = "张三" /><!-- 文本框 -->
27        <br>
28        密码：<input type = "password" name = "pass" id = "" value = "＊＊＊＊＊＊" /><!--
密码框 -->
29        <br>
30        性别：
31        <label for = "male">男</label>
32        <input type = "radio" name = "sex" id = "male" value = "男" checked = "checked" /><!--
单选框组 name = "sex" -->
33        <label for = "female">女</label>
34        <input type = "radio" name = "sex" id = "female" value = "女" /><!-- 单选框 name = "
sex" -->
35        <br>
36        兴趣爱好：<label for = "c1">足球</label>
37        <input type = "checkbox" name = "interest" id = "c1" value = "足球" /><!-- 复选框组
interest -->
38        <label for = "c2">唱歌</label>
39        <input type = "checkbox" name = "interest" id = "c2" value = "唱歌" /><!-- 复选框组
interest -->
40        <label for = "c3">书法</label>
41        <input type = "checkbox" name = "interest" id = "c3" value = "书法" checked /><!-- 复
选框组 interest -->
42        <label for = "c4">演讲</label>
43        <input type = "checkbox" name = "interest" id = "c4" value = "演讲" /><!-- 复选框组
interest -->
44        <br>
45        籍贯：
46        <select name = "pp"><!-- 下拉菜单 -->
47          <option value = "辽宁省沈阳市">辽宁省沈阳市</option><!-- 下拉菜单选项 -->
48          <option value = "辽宁省大连市">辽宁省大连市</option><!-- 下拉菜单选项 -->
49          <option value = "北京市" selected = "selected">北京市</option><!-- 下拉菜单选
项 -->
50          <option value = "上海市">上海市</option><!-- 下拉菜单选项 -->
51        </select>
52        <br>
53        留言   <textarea rows = "5" cols = "50"></textarea><!-- 多行文本框 -->
54        <br>
55        <input type = "submit" name = "" id = "" value = "提交" /><!-- 提交按钮 -->
56      </form>
57    </body>
58</html>
```

图 7-10 例 7-6 example07.html 美化后的注册页面效果图

7.3 HTML5 表单新属性

HTML5 中增加了许多新的表单属性和表单控件属性。这些新增内容可以帮助设计人员更加高效和省力地制作出标准的网页表单。本节对 HTML5 中新增的表单属性及表单控件属性作详细讲解。

7.3.1 新 form 属性

在 HTML5 中新增了两个 form 属性，分别为 autocomplete 属性和 novalidate 属性。

1. autocomplete 属性

autocomplete 属性用于指定表单是否有自动完成功能，所谓"自动完成"是指将表单控件输入的内容记录下来，当再次输入时，会将输入的历史记录显示在一个下拉列表里，以实现自动完成输入。autocomplete 属性有两个值 on 和 off，他们的含义如下：

（1）on：表单有自动完成功能；

（2）off：表单无自动完成功能。

autocomplete 属性示例代码为：<form id="form1" autocomplete="on">。

2. novalldate 属性

novalidale 属性指定在提交表单时取消对表单进行有效的检查。为表单设置该属性时,可以关闭整个表单的验证,这样可以使<form>标签内的所有表单控件不被验证。novalidale 属性的取值为它自身,示例代码为:< form action = " data1. asp" method = "get" novalidate = "novalidate">,来取消表单验证。

7.3.2 全新的表单控件

在 HTML5 中新增了一些的控件,如 datalist、keygen 等标签,可以强化表单功能。其中 datalist 控件用于定义输入框的选项列表,在网页中比较常见。

网页中的列表选项通过 datadist 内的 option 标签来列举。datalist 控件通常与 input 控件配合使用,来定义 input 控件的取值列表。在使用<datalist>控件时,需要通过 id 属性为其指定一个唯一的标识,然后为<input>控件指定 list 属性,将该属性值必须设置为<datalist>对应的 id 属性值。

例 7-7　example08.html 用 datalist 罗列城市列表,作为输入框选项,如图 7-11 所示。

```
1<! DOCTYPE html>
2<html>
3  <head>
4    <meta charset = "utf-8">
5    <title>城市列表 datalist</title>
6  </head>
7  <body>
8  <form action = "#" method = "post">
9    请输入城市名:<input type = "text" list = "citylist" />
10    <datalist id = "citylist"><! -- 与 input 绑定的数据列表 -->
11      <option>北京</option>
12      <option>上海</option>
13      <option>广州</option>
14      <option>天津</option>
15    </datalist>
16    < input type = "submit" value = "提交" />
17  </form>
18  </body>
19</html>
```

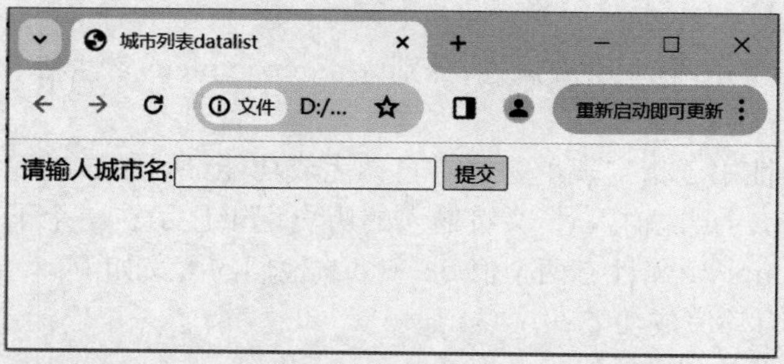

图 7-11　例 7-7 example08.html datalist 页面效果图

7.3.3 全新的 input 控件

在 HTML5 中，增加了一些新的 inpul 控件类型，通过这些新的控件，可以丰富表单功能，更好地实现表单的控制和验证，我们分别来说明。

(1) email 控件 <input type="email" />

email 类型的 input 控件是一种专门用于输入 Email 地址的文本输入框，用来验证 email 输入框的内容是否符合 E-mai 邮件地址格式，如果不符合，将提示相应的错误信息。

(2) url 控件 <input type="url" />

url 控件的 input 控件是一种用于输入 URL 地址的文本框。如果所输入的内容是 URL 地址格式的文本，则会提交数据到服务器；如果输入的值不符合 URL 地址格式，则不允许提交并且会有错误提示信息。

(3) tel 控件 <input type="tel" />

tel 控件用于提供输入电话号码的文本框，由于电话号码的格式千差万别，很难实现一个通用的格式，因此 tel 类型通常会和 pattern 属性配合使用。

(4) search 控件 <input type="search" />

search 控件是一种专门用于输入搜索关键词的文本框，它能自动记录一些字符，例如站点搜索或者 Google 搜索。在用户输入内容后，其右侧会附带一个删除图标，单击这个图标按钮可以快速清除内容。

(5) color 控件<input type="color" />

color 控件用于提供设置颜色的文本框，用于实现一个 RGB 颜色输入。其基本形式是 #RRGGBB，默认值为 #000000，通过 value 属性值可以更改默认颜色。单击 color 类型文本框可以快速打开拾色器面板，方便用户可视化地选取每一种颜色。

(6) number 控件<input type="number"/>

Number 控件的 input 标签用于提供输入数值的文本框。在提交表单时，会自动检查该输入框中的内容是否为数字。如果输入的内容不是数字或者数字不在限定范围内，则会出现错误提示。

Number 控件的输入框可以对输入的数字进行限制，规定允许的最大值和最小值、合法的数字间隔或默认值等。具体属性说明如下。

- value：指定输入框的默认值；
- max：指定输入框可以接收的最大的输入值；
- min：指定输入框可以接收的最小的输入值；
- step：输入线合法的间隔，如果不设置，默认值是 1。

下面我们通过设置 input 标签的不同类型的新控件的用法，如例 7 - 9 所示。

(7) range 类型 <input type="range"/>

range 控件用于提供一定范围内数值的输入范围，在网页中显示为滑动条，它的常用属性与 number 类型一样，通过 min 属性和 max 属性，可以设置最小值与最大值，通过 step 属性指定每次滑动的步幅。

(8) date pickers 类型 <input type="date，month，week…"/>

date pickers 类型是指时间日期类型，HTML5 中提供了多个可供选取日期和时间的输入类型,用于验证输入的日期,具体如表 7-5 所示。

表 7-5 时间和日期类型

时间和日期类型	说 明
date	选取日、月、年
month	选取月、年
week	选取周和年
time	选取时间(小时和分钟)
datetime	选取时间、日、月、年(UTC 时间)
datetime-local	选取时间、日、月、年(本地时间)

在表 7-5 中,UTC 是 Universal Time Coordinated 的英文缩写,即"协调世界时",又称世界标准时间。简单地说,UTC 时间就是 0 时区的时间。例如,如果北京时间为早上 8 点,则 UTC 时间为 0 点,即 UTC 和北京的时差为 8。

下面通过几个例子说明一下以上全新 input 控件的使用。

例 7-8 example09.html 测试 email、url、tel、search、color 控件的使用,如图 7-12 所示。

```
1<! DOCTYPE html>
2<html>
3  <head>
4    <meta charset = "utf-8">
5    <title>html5 的新 input 控件</title>
6  </head>
7  <body>
8    <form name = "form1" action = "#" method = "get">
9        请输入您的邮箱：<input type = "email" name = "myEmail" /><br /><! -- Email 控件 -->
10        请输入个人网址：<input type = "url" name = "myUrl" /><br /><! -- url 控件 -->
11        请输入电话号码：<input type = "tel" name = "myTelephone" pattern = "^\\d $" /><br />
<! -- 电话号码控件,其中 pattern 属性赋值为正则表达式 -->
12        输入搜索关键词：<input type = "search" name = "searchInfo" /><br /><! -- 搜索控件 -->
13        请选取一种颜色：<input type = "color" name = "color1" /><! -- 颜色控件,默认颜色为黑色 -->
14        <input type = "color" name = "color2" value = "#FF0000" /><! -- 颜色控件,通过 value 指定颜色值为红色 -->
15        <input type = "submit" value = "提交" />
16    </form>
17  </body>
18</html>
```

图 7 – 12 example09.html 运行效果

例 7 – 9 example10.html 测试 number 和 range 控件的使用,如图 7 – 13 所示。

```
1<! DOCTYPE html>
2<html>
3  <head>
4    <meta charset = "utf-8">
5    <title>新 input 控件中 number 和 range 控件</title>
6  </head>
7  <body>
8    <h2>number 控件</h2>
9    <form action = "#" method = "get">
10    请输入数值: < input type = "number" name = "number1" value = "1" min = "1" max = "20"
step = "1"/><br/>
11    < input type = "submit" value = "提交"/>
12    </form>
13    <h2>range 控件</h2>
14    <form action = "#" method = "post">
15      1< input type = "range" name = "range2" value = "20" min = "1" max = "100" step = "1">
100<br>
16      < input type = "submit" value = "提交"/>
17    </form>
18  </body>
19</html>
```

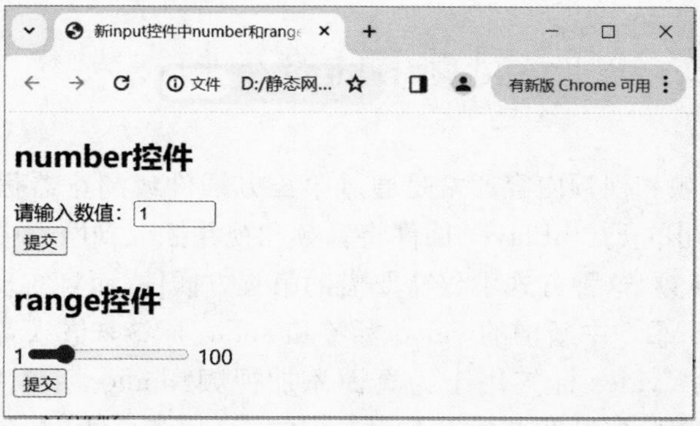

图 7 – 13 example10.html 运行效果

项目 8

使用音视频实现"美丽绽放"页面

知识目标

(1) 熟悉 HTML5 的多媒体特性。
(2) 了解 HTML5 支持的音频和视频格式。
(3) 掌握 HTML5 中视频相关属性的运用。
(4) 掌握 HTML5 中音频相关属性的运用。

能力目标

(1) 能够在 HTML5 页面中添加视频文件。
(2) 能够在 HTML5 页面中添加音频文件。
(3) 了解 HTML5 中视频、音频的一些常见操作,并能够应用到网页制作中。

素质目标

(1) 具有热爱生命、热爱生活的情怀。
(2) 具有自我调整,让自己快乐的能力。
(3) 能够走出小我、超越自我、实现大我的精神。

8.1 网页中的音视频技术

在 html5 之前,音频和视频内容通常是通过第三方插件或浏览器程序插入到页面中。例如可以运用 Adobe 公司的 FlashPlayer 插件将音频和视频插入到网页中。通过插件或浏览器的应用程序嵌入音频视频,这种方式不仅需要借助第三方插件,而且实现的代码复杂冗长。

我们可以运用 HTML5 中新增的 video 标签和 audio 标签来嵌入音频和视频。

在 HTML5 语法中,video 标签用于为页面添加视频,audio 标签用于为页面添加音频。目前为止,绝大多数的浏览器已经支持 HTML5 中的 video 和 audio 标签。浏览器的支情况如表 8 - 1 所示。

表 8 - 1 浏览器对 video 和 audio 的支持情况

浏 览 器	支 持 版 本
IE	9.0 及以上版本
Frefox	3.5 及以上版本
Opear	10.5 及以上版本
Chrome	3.0 及以上版本
Safari	3.2 及以上版本

8.2 视频和音频文件格式

　　HTML5 和浏览器对视频和音频文件格式都有严格的要求,仅有少数几种音视频的文件能够同时满足 HTML5 和浏览器的需求。因此想要在网页中嵌入音视频文件,首先要选择正确的音视频文件格式。下面介绍 HTML5 中视频和音频的一些常见格式以及浏览器的支持情况做具体介绍。

　　1. HTML5 支持的视频格式

　　在 HTMI5 中嵌入的视频格式主要包括 ogg、mpeg4、webm 等,具体介绍如下。

　　(1) ogg:一种开源的视频封装容器,其视频文件格式后缀为"ogg",里面可以封装 vobris 音频编码或者 theora 视频编码,同时 ogg 文件也能将音频编码和视频编码进行混合封装。

　　(2) mpeg4:目前最流行的视频格式,其视频文件格式后缀为"mp4"。同等条件下,mpeg4 格式的视频质量较好,但它的专利被 MPEG-LA 公司控制,任何支持播放 mpeg4 视频的设备,都必须有一张 MPEG-LA 公司颁发的许可证。目前 MPEG-LA 公司规定,只要是互联网上免费播放的视频,均可以无偿获得使用许可证。

　　(3) webm:由 Google 公司发布的一个开放、免费的媒体文件格式,其视频文件格式后缀为"webm"。由于 webm 格式的视频质量和 mpeg4 较为接近,并且没有专利限制等问题,webm 已经被越来越多的人所使用。

　　2. HTML5 支持的音频格式

　　在 HTML5 中嵌入的音频格式主要包括 ogg、mp3、wav 等,具体介绍如下。

　　(1) ogg:当 ogg 文件只封装音频编码时,它就会变成为一个音频文件。ogg 音频文件格式后缀为"ogg"。ogg 音频格式类似于 mp3 音频格式,不同的是,ogg 格式是完全免费并且没有专利限制的。同等条件下,ogg 格式音频文件的音质、体积大小优于 mp3 音频格式。

　　(2) mp3:目前最主流的音频格式,其音频文件格式后缀为"mp3"。同 mpeg4 视频格式一样,mp3 音频格式也存在专利、版权等诸多的限制,但因为各大硬件提供商的支持,使得 mp3 依靠其丰富的资源和良好的兼容性仍旧保持较高的使用率。

　　(3) wav:微软公司开发的一种声音文件格式,其后缀名为 wav。作为无损压缩的音频格式，wav 的音质是 3 种音频格式文件中最好的，但是 wav 的体积也是最大的。wav 音频格式最大的优势是被 Windows 平台及其应用程序广泛支持，是标准的 Windows 文件。

8.3　视频和音频嵌入技术

本节进一步讲解视频和音频的嵌入方法，在 html5 中通过嵌入＜video＞＜\video＞、＜audio＞＜\audio＞标签实现在网页中嵌入视频和音频文件。

8.3.1　通过 video 标签嵌入视频

嵌入视频语法格式如下：＜video src="视频文件路径" controls="controls"＞＜/video＞

在上面的语法格式中，src 属性用于设置视频文件的路径，controls 属性用于控制是否显示播放控件，这两个属性是 video 标签的基本属性。值得一提的是在＜video＞和＜/video＞之间还可以插入文字，当浏览器不支持 video 标签时，就会在浏览器中显示该文字。了解了定义视频的基本语法格式后，下面我们通过一个案例来体会嵌入视频的方法，如例 8-1 所示。

例 8-1　example01.html 播放视频效果测试效果如图 8-1 所示。

```
1<! DOCTYPE html>
2<html>
3  <head>
4    <meta charset = "utf-8">
5    <title>播放视频</title>
6  </head>
7  <body>
8    <video src = "./videos/flower.mp4" width = "800" height = "800" controls>
```

图 8-1　例 8-1 example01.html 播放视频效果

```
 9        当前浏览器不支持 video 直接播放
10    </video>
11  </body>
12</html>
```

另外,video 标签中还可以添加其他属性,如表 8-2 所示。

表 8-2   video 标签常见属性

属 性	值	描 述
src	视频文件路径	加载视频文件的相对路径,如果是网络文件,则完整路径。
controls	controls	用于控制是否显示播放控件。
autoplay	autoplay	当页面载入完成后自动播放视频。
loop	loop	视频结束时重新开始播放。
preload	preload	如果出现该属性,则视频在页面加载时进行加载,并预备播放。如果使用 "autoplay",则忽略该属性。
poster	url	当视频缓冲不足时,该属性值链接一个图像,并将该图像按照一定的比例显示出来。

修改第 8、9、10 行代码为:

< video src=". /videos/flower.mp4" width="800" height="800" autoplay="autoplay" loop="loop" >当前浏览器不支持 video 直接播放</video>。

在上面的代码中,为 video 标签增加了 autoplay="autoplay"和 loop="loop"两对属性值的键值对,同时去掉了 controls="controls"。其中 autoplay="autoplay"可以让视频自动播放 loop="loop"让视频循环播放。保存 HTML 文件,刷新页面,效果如图 8-2 所示。

需要注意的是,在 2018 年 1 月 Chrome 浏览器取消了对自动播放功能的支持,也就是说 "autoplay"属性是无效的,这样如果我们想要自动播放视频,就需要为 video 标签添加"muted"属性,这样视频会静音播放。语句改为< video src=". /videos/flower.mp4" width="800" height="800" muted autoplay="autoplay" loop="loop" >当前浏览器不支持 video 直接播放</video>。

8.3.2   通过 audio 标签嵌入音频

嵌入音频语法格式如下<audio src="音频文件路径" controls="controls"></audio>,如例 8-2 所示。

例 8-2   example02.html 播放音频效果测试效果如图 8-2 所示。

```
<! DOCTYPE html>
<html>
```

```
<head>
  <meta charset = "utf-8">
  <title>播放音频</title>
</head>
<body>
  <audio src = "audios/《大闹蟠桃会》.mp3"  controls = "controls">
    当前浏览器不支持 audio
  </audio>
</body>
</html>
```

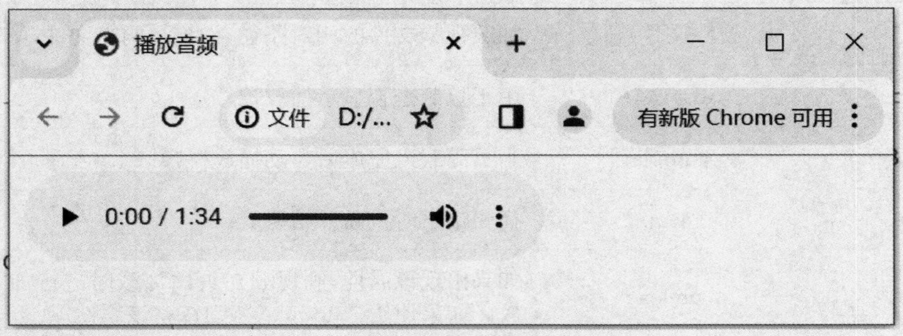

图 8-2   例 8-2 example02.html 播放音频效果

项目 9

使用动画灵动"美丽人生"页面

知识目标

（1）掌握过渡 transition 的含义和复合属性值的意义。

（2）掌握变形 transform 的含义和各个属性值 scale、skew、rotate、translate 的含义和几种常见的变换。

（3）掌握动画的含义和属性 animation 的使用。

能力目标

（1）能使用 transition 属性设置平滑变化的属性、持续时间等属性。

（2）能使用 transform 属性设置几种变形效果。

（3）能使用 animation 属性实现复杂动画。

素质目标

（1）具有青春奋斗的精神。

（2）具有充实心灵，提升自我的习惯。

（3）具有积极向上，不畏困难的精神。

为追求更为直观的浏览与交互体验，用户对网页的美观性和交互性的要求越来越高。CSS3 不仅可以实现页面的基本样式，还可以为页面中的元素添加过渡效果。除此之外，CSS3 还可以使用 animation 实现更加复杂的动画，来提高用户的体验。本章将重点讲解 CSS3 过渡、变形与动画的使用方法。

9.1　过渡 transition 属性

过渡 transition 用于控制某些属性值随时间按照某种特定方式从一种状态平滑地变化到另外一种状态，如表 9-1 所示。

表 9 - 1 transition 属性

属 性	描 述	允 许 取 值	取 值 说 明
transition	复合属性包括：property duration timing-function delay		必须规定 property 和 duration 两项内容
property	规定应用过渡的 CSS 属性名称	none	没有属性获得过渡效果
		all	全部属性获得过渡效果
		property	获得过渡效果的属性
duration	定义过渡效果的时长	time 值	以秒(s)或毫秒(ms)为单位；默认值 0,没有效果
timing-function	规定过渡效果的时间曲线	linear	
		ease	
		ease-in	
		ease-out	
		ease-in-out	
delay	过渡效果开始之前等待的时间	time 值	以秒(s)或毫秒(ms)为单位；默认值 0。

注意：在通过复合属性 transition 实现 CSS3 过渡时,必须规定两项内容：

应用过渡的 CSS 属性名称 property；

规定效果时长 duration。

```
element {
    transition: property duration timing-function delay
}
```

例 9 - 1 example01.html 实现过渡效果如图 9 - 1 所示。

```
1    <! DOCTYPE html>
2    <html>
3      <head>
4        <meta charset = "utf-8">
5        <title>过渡</title>
6        <style type = "text/css">
7          #box1{width:200px;
8                height:200px;
9                background:green;
```

```
10              }
11          #box1:hover{
12              border-radius:50%;
13              opacity:0.5;
14              transition:all 2s;
15          }
16      </style>
17  </head>
18  <body>
19      <div id="box1">
20      </div>
21  </body>
22  </html>
```

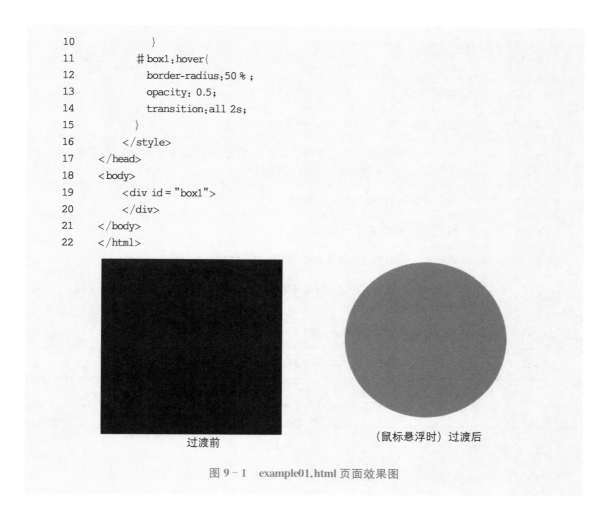

过渡前　　　　　　　　　　　　　　　（鼠标悬浮时）过渡后

图 9-1 **example01.html** 页面效果图

9.2 变形 transform 属性

在 CSS3 中,提供了对动画的强大支持,可以实现旋转、缩放、移动和过渡等效果。基本语法格式:transform:none | transform-functions。transform 属性的默认值为 none,适用于内联元素(display:inline-block)和块元素(display:block),表示不进行变形。transform-function 用于设置变形函数,可以是一个或多个变形函数列表,如表 9-2~表 9-4 所示。

表 9-2 **transform-function** 的 **2D** 变换函数

函　　数	描　　述
matrix()	以变换矩阵[a,b,c,d,e,f]的形式指定一个二维变换。
translate()	指定对象的二维平面的平移,包含两个参数 x(对应于 x 轴)y(对应于 y 轴)。如果参数 y 未提供则默认值为 0。

续　表

函　　数	描　　述
translateX()	指定对象 X 轴(水平方向)的平移。
translateY()	指定对象 Y 轴(垂直方向)的平移。
scale()	指定对象的二维缩放。包含两个参数,分别为:x(对应于 x 轴)y(对应于 y 轴)。如果参数 y 未提供则默认为同第一个参数相同。
scaleX()	指定对象 X 轴(水平方向)的缩放。
scaleY()	指定对象 Y 轴(垂直方向)的缩放。
rotate()	指定对象的 2D 旋转,需要先指定旋转中心坐标(transform-origin)。
skew()	指定对象歪斜变形。包含两个参数,分别为:x(对应于 x 轴)y(对应于 y 轴)。如果参数 y 未提供则默认为 0。
skewX()	指定对象 X 轴(水平方向)的歪斜。
skewY()	指定对象 Y 轴(垂直方向)的歪斜。

表 9 - 3　transform-function 的 3D 变换函数

函　　数	描　　述
matrix3d()	以矩阵(4 * 4)的形式指定一个三维变换。
translate3d()	指定对象的三维空间的平移,包含三个参数,分别是 x(对应于 X 轴),y(对应于 Y 轴),z(对应于 Z 轴)。任何参数不允许省略。
translateZ()	指定对象 X 轴(垂直于平面方向)的平移。
scale3d()	指定对象的三维缩放。包含三个参数,分别为:x(对应于 x 轴)、y(对应于 y 轴)、z(对应于 Z 轴)。任何参数不允许省略。
scaleZ()	指定对象 Z 轴(垂直于屏幕方向)的缩放。
rotate3d()	指定对象的 3D 旋转,共 4 个参数,其中前 3 个参数分别表示按照 X 轴、Y 轴、Z 轴方向旋转,第 4 个参数表示旋转的角度。任何参数不允许省略。
rotateX()	指定对象在 X 轴上的旋转角度。
rotateY()	指定对象在 Y 轴上的旋转角度。
rotateZ()	指定对象在 Z 轴上的旋转角度。
perspective()	指定透视距离。

表 9-4 3D 转换属性

属　　性	继　承　性	描　　　　述
transform	无	检索或设置对象的变换
transform-origin	无	检索或设置对象的变换所参照的原点
transform-style	无	指定某元素的子元素是否位于三维空间内
perspective	无	指定观察者与[z=0]平面的距离
perspective-origin	无	指定透视点的位置
backface-visibility	无	指定元素背面面向用户是否可见

1. 平移效果

例 9-2 example02.html 实现变形中的平移效果如图 9-2 所示。

```
1    <! DOCTYPE html>
2    <html>
3      <head>
4        <meta charset = "utf-8">
5        <title>变形——移位</title>
6        <style type = "text/css">
7          * {margin:0;padding:0;border:0;}
8          #out1{width:200px;
9              height:100px;
10             background:rgba(255,0,0,0.1);
11             border:solid 1px black;
12             position:absolute;
13             left:600px;
14             top:100px;
15             }
16          #in1{width:200px;
17             height:100px;
18             background:rgba(255,0,0,0.6);
19             }
20          #in1:hover{
21             transform:translate(100px,50px);
22                transition:transform 2s;
23                }
24        </style>
25      </head>
26      <body>
27        <h1 style = "text-align:center;">平移</h1>
```

```
28      <h4 style = "text-align:center;"> # in1 向右平移 100px 的同时,向下平移 50px。
</h4>
29      <div id = "out1">
30        <div id = "in1">
31        </div>
32      </div>
33    </body>
34  </html>
```

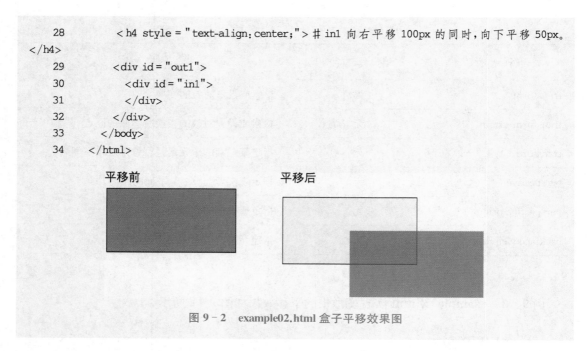

平移前　　　　　　　　平移后

图 9-2　example02.html 盒子平移效果图

例 9-3　example03.html：测试网页中元素的平移效果如图 9-3 所示。

```
1   <! DOCTYPE html>
2   <html>
3    <head>
4      <meta charset = "utf-8">
5      <title>平移效果图</title>
6      <style type = "text/css">
7        * {margin:0;padding:0;border:0;}
8        .container{
9          width:950px;
10         height:350px;
11         margin:50px auto;}
12       #out1,#out2,#out3,#out4,#out5{
13         width:200px;
14         height:100px;
15         background:rgba(255,0,0,0.1);
16         border:solid 1px black;
17         float:left;
18         margin-right:50px;
19         margin-bottom:100px;
20         }
21       #in1,#in2,#in3,#in4,#in5{
22         width:200px;
23         height:100px;
```

```
24          background:rgba(255,0,0,0.6);
25          }
26      #in1{transform:translate(10px,5px);}
27      #in2{transform:translate(10px);}
28      #in3{transform:translate(10%,50%);}
29      #in4{transform:translateX(-10px);}
30      #in5{transform:translateY(-50%);}
31      /*#in1:hover{
32          transform:translate(10px,5px);
33          transition:transform 2s;
34      }*/
35      </style>
36  </head>
37  <body>
38      <h1 style="text-align:center;">平移效果图对比</h1>
39      <div class="container">
40       <div id="out1">
41         <div id="in1">
42           translate(10px,5px)
43         </div>
44       </div>
45       <div id="out2">
46         <div id="in2">
47           translate(10px)
48         </div>
49       </div>
50       <div id="out3">
51         <div id="in3">
52             transform:translate(10%,50%)
53         </div>
54       </div>
55       <div id="out4">
56         <div id="in4">
57             transform:translateX(-10px)
58         </div>
59       </div>
60       <div id="out5">
61         <div id="in5">
62             transform:translateY(-50%)
63         </div>
64       </div>
65      </div>
66  </body>
67 </html>
```

注意,写代码时先写第 37 行<body>标签和第 66 行</body>标签中的内容构造网页结构,然后在网页的 head 部分第 6 行<style>标签和第 35 行</style>标签中的实现页面美化部分的 CSS 代码。

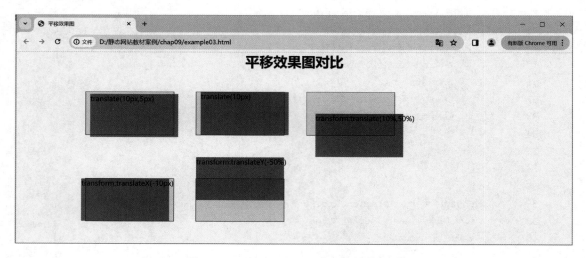

图 9－3　example03.html 盒子平移效果图

该程序中的核心代码如下:

```
#in1{transform:translate(10px,5px);}
#in2{transform:translate(10px);}
#in3{transform:translate(10％,50％);}
#in4{transform:translateX(-10px);}
#in5{transform:translateY(-50％);}
```

2. 旋转效果

```
.container2 #in1{transform:rotate(30deg);}
.container2 #in2{transform:rotate(-30deg);}
```

例 9－4　example04.html 测试 rotate 旋转效果图对比如图 9－4 所示。

```
1<! DOCTYPE html>
2<html>
3  <head>
4    <meta charset = "utf-8">
5    <title>旋转效果图对比</title>
6    <style type = "text/css">
7      * {
8        margin: 0;
9        padding: 0;
10       border: 0;
```

```
11          }
12          h1 {
13            text-align: center;
14            margin-bottom: 60px;
15          }
16          .container2{
17            width: 1150px;
18            height: 350px;
19            margin: 50px auto;
20            overflow: hidden;
21            padding-top: 100px;
22            padding-left: 50px;
23          }
24          #out1, #out2, #out3, #out4, #out5 {
25            width: 200px;
26            height: 100px;
27            background: rgba(255, 0, 0, 0.1);
28            border: solid 1px black;
29            float: left;
30            margin-right: 50px;
31            margin-bottom: 100px;
32          }
33          #in1, #in2, #in3, #in4, #in5 {
34            width: 200px;
35            height: 100px;
36            background: rgba(255, 0, 0, 0.6);
37            text-align: center;
38            line-height: 100px;
39          }
40          /* 鼠标悬浮时, #in1 顺时针旋转 30 度 */
41          .container2 #in1:hover {
42            transform: rotate(30deg);
43            transition: 2s;
44          }
45          /* 鼠标悬浮时, #in2 逆时针旋转 30 度 */
46          .container2 #in2:hover {
47            transform: rotate(-30deg);
48            transition: 2s;
49          }
50          .clear {
51            clear: both;
52          }
53      </style>
54    </head>
55    <body>
```

```
56    <h1 style = "text-align:center;">rotate 旋转效果图对比</h1>
57    <div class = "container2">
58      <div id = "out1">
59        <div id = "in1" title = "鼠标悬浮时，＃in1 顺时针旋转 30 度">
60          rotate(30deg)
61        </div>
62      </div>
63      <div id = "out2">
64        <div id = "in2" title = "鼠标悬浮时，＃in2 逆时针旋转 30 度">
65          rotate(-30deg)
66        </div>
67      </div>
68      <div class = "clear">
69      </div>
70    </div>
71  </body>
72</html>
```

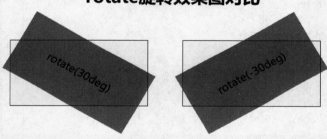

图 9-4　例 9-4 example04.html 测试 rotate 旋转效果图对比

例 9-5　example05.html 测试缩放效果图对比如图 9-5 所示。

```
1<! DOCTYPE html>
2<html>
3  <head>
4    <meta charset = "utf-8">
5    <title>缩放效果图对比</title>
6    <style type = "text/css">
7      * {
8        margin: 0;
9        padding: 0;
10       border: 0;
11      }
12      h1 {
13        text-align: center;
```

```
14        margin-bottom: 60px;
15      }
16      .container3 {
17        width: 1150px;
18        height: 350px;
19        margin: 50px auto;
20        overflow: hidden;
21        padding-top: 100px;
22        padding-left: 50px;
23      }
24      #out1, #out2, #out3, #out4, #out5 {
25        width: 200px;
26        height: 100px;
27        background: rgba(255, 0, 0, 0.1);
28        border: solid 1px black;
29        float: left;
30        margin-right: 50px;
31        margin-bottom: 100px;
32      }
33      #in1, #in2, #in3, #in4, #in5 {
34        width: 200px;
35        height: 100px;
36        background: rgba(255, 0, 0, 0.6);
37        text-align: center;
38        line-height: 100px;
39      }
40      /* 鼠标悬浮时, #in1 水平轴上放大 1.2 倍,垂直轴上缩小为 0.6 倍 */
41      .container3 #in1:hover {
42        transform: scale(1.2, 0.6);
43        transition: 2s;
44      }
45      /* 鼠标悬浮时, #in2 水平轴和垂直轴同时缩小为 0.6 倍 */
46      .container3 #in2:hover {
47        transform: scale(0.6);
48        transition: 2s;
49      }
50      /* 鼠标悬浮时, #in3 水平轴缩小为 0.6 倍 */
51      .container3 #in3:hover {
52        transform: scaleX(0.6);
53        transition: 2s;
54      }
55      /* 鼠标悬浮时, #in4 垂直轴缩小为 0.6 倍 */
56      .container3 #in4:hover {
57        transform: scaleY(0.6);
58        transition: 2s;
```

```
59        }
60      .clear {
61        clear: both;
62      }
63    </style>
64  </head>
65  <body>
66    <h1>scale 缩放效果图对比</h1>
67    <div class = "container3">
68      <div id = "out1">
69        <div id = "in1" title = "鼠标悬浮时,＃in1 沿水平轴放大 1.2 倍,沿垂直轴缩小为 0.6
倍">
70          scale(1.2,0.6)
71        </div>
72      </div>
73      <div id = "out2">
74        <div id = "in2" title = "鼠标悬浮时,＃in2 沿水平轴缩小为原来的 0.6 倍">
75          scale(0.6)
76        </div>
77      </div>
78      <div id = "out3">
79        <div id = "in3" title = "鼠标悬浮时,＃in3 沿水平轴缩小为原来的 0.6 倍">
80          scaleX(0.6)
81        </div>
82      </div>
83      <div id = "out4">
84        <div id = "in4" title = "鼠标悬浮时,＃in4 沿垂直轴缩小为原来的 0.6 倍">
85          scaleY(0.6)
86        </div>
87      </div>
88      <div class = "clear">
89      </div>
90    </div>
91  </body>
92</html>
```

缩放效果核心代码及效果图如下：

```
.container3 ＃in1{transform:scale(1.2,0.6);}
.container3 ＃in2{transform:scale(0.6);}
.container3 ＃in3{transform:scaleX(0.6);}
.container3 ＃in4{transform:scaleY(0.6);}
```

scale缩放效果图对比

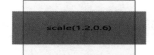   

图 9-5 例 9-5 example05.html 测试缩放效果图对比

例 9-6 example06.html 测试外形变化效果图对比如图 9-6 所示。

```
1 <! DOCTYPE html>
2 <html>
3  <head>
4   <meta charset = "utf-8">
5   <title>歪斜变形效果图对比</title>
6   <style type = "text/css">
7    * {
8       margin: 0;
9       padding: 0;
10      border: 0;
11    }
12    h1 {
13      text-align: center;
14      margin-bottom: 60px;
15    }
16    .container4 {
17      width: 1150px;
18      height: 350px;
19      margin: 50px auto;
20      overflow: hidden;
21      padding-top: 100px;
22      padding-left: 50px;
23    }
24    #out1, #out2, #out3, #out4, #out5 {
25      width: 200px;
26      height: 100px;
27      background: rgba(255, 0, 0, 0.1);
28      border: solid 1px black;
29      float: left;
30      margin-right: 50px;
31      margin-bottom: 100px;
32    }
33    #in1, #in2, #in3, #in4, #in5 {
34      width: 200px;
35      height: 100px;
36      background: rgba(255, 0, 0, 0.6);
```

```
37        text-align: center;
38        line-height: 100px;
39     }
40     /* 鼠标悬浮时,#in1 向左歪曲 15 度,向上歪曲 10 度 */
41     .container4 #in1:hover {
42        transform: skew(15deg, 10deg);
43        transition: 2s;
44     }
45     /* 鼠标悬浮时,#in2 向左歪曲 15 度 */
46     .container4 #in2:hover {
47        transform: skew(15deg);
48        transition: 2s;
49     }
50     /* 鼠标悬浮时,#in3 向右歪曲 15 度 */
51     .container4 #in3:hover {
52        transform: skewX(-15deg);
53        transition: 2s;
54     }
55     /* 鼠标悬浮时,#in4 向下歪曲 15 度 */
56     .container4 #in4:hover {
57        transform: skewY(-15deg);
58        transition: 2s;
59     }
60   </style>
61  </head>
62  <body>
63    <h1>skew 歪斜变形效果图对比</h1>
64    <div class = "container4">
65      <div id = "out1">
66        <div id = "in1" title = "鼠标悬浮时,#in1 垂直轴方向逆时针歪曲 15 度,水平轴方向
顺时针歪曲 10 度">
67          skew(15deg,10deg)
68        </div>
69      </div>
70      <div id = "out2">
71        <div id = "in2" title = "鼠标悬浮时,#in2 水平轴方向不变化,垂直轴方向逆时针歪
曲 15 度">
72          skew(15deg)
73        </div>
74      </div>
75      <div id = "out3">
76        <div id = "in3" title = "鼠标悬浮时,#in3 水平轴方向不变化,垂直轴方向顺时针歪
曲 15 度">
77          skewX(-15deg)
78        </div>
79      </div>
```

```
80      <div id = "out4">
81        <div id = "in4" title = "鼠标悬浮时，♯in4 水平轴方向不变化,垂直轴方向逆时针歪
曲 15 度">
82          skewY(-15deg)
83        </div>
84      </div>
85      <div class = "clear">
86      </div>
87    </div>
88  </body>
89</html>
```

以下是核心代码：

```
.container4 ♯ in1{transform:skew(15deg,10deg);}
.container4 ♯ in2{transform:skew(15deg);}
.container4 ♯ in3{transform:skewX(-15deg);}
.container4 ♯ in4{transform:skewY(-15deg);}
```

skew歪斜变形效果图对比

 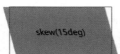  

图 9 - 6　例 9 - 6 example06.html 测试外形变化效果图对比

例 9 - 7　example07.html 测试旋转缩放中心点属性 transform-origin 效果图对比如图
9 - 7 所示。

```
1<! DOCTYPE html>
2<html>
3  <head>
4    <meta charset = "utf-8">
5    <title>旋转缩放中心点属性 transform-origin</title>
6    <style type = "text/css">
7    * {
8        margin：0;
9        padding：0;
10       border：0;
11   }
12   h1 {
13       text-align: center;
14       margin-bottom: 60px;
```

```
15          }
16      .container5 {
17          width: 1150px;
18          height: 350px;
19          margin: 50px auto;
20          overflow: hidden;
21          padding-top: 100px;
22          padding-left: 50px;
23      }
24      #out1,#out2,#out3,#out4,#out5 {
25          width: 200px;
26          height: 100px;
27          background: rgba(255, 0, 0, 0.1);
28          border: solid 1px black;
29          float: left;
30          margin-right: 50px;
31          margin-bottom: 100px;
32      }
33      #in1,#in2,#in3,#in4,#in5 {
34          width: 200px;
35          height: 100px;
36          background: rgba(255, 0, 0, 0.6);
37          }
38      /*鼠标悬浮时,#in1以中心点为基点,顺时针旋转30度 */
39      .container5 #in1:hover {
40          transform: rotate(30deg);
41          transition: 2s;
42      }
43      /*鼠标悬浮时,#in2以中心点为基点,逆时针旋转30度 */
44      .container5 #in2:hover {
45          transform: rotate(-30deg);
46          transition: 2s;
47      }
48      /*鼠标悬浮时,#in3以左上角为基点,顺时针旋转30度 */
49      .container5 #in3:hover {
50          transform: rotate(30deg);
51          transform-origin: 0 0;
52          transition: 2s;
53      }
54      /*鼠标悬浮时,#in4以右上角为基点,顺时针旋转30度 */
55      .container5 #in4:hover {
56          transform: rotate(30deg);
57          transform-origin: right top;
58          transition: 2s;
59      }
```

```
60      /*鼠标悬浮时，#in5以右下角为基点，顺时针旋转30度 */
61      .container5 #in5:hover {
62        transform: rotate(30deg);
63        transform-origin: right bottom;
64        transition: 2s;
65      }
66      .clear {
67        clear: both;
68      }
69    </style>
70  </head>
71  <body>
72    <h1>旋转缩放中心点属性 transform-origin</h1>
73    <div class = "container5">
74      <div id = "out1" title = "鼠标悬浮时，#in1以中心点为基点,顺时针旋转30度">
75        <div id = "in1">
76          中心点
77        </div>
78      </div>
79      <div id = "out2" title = "鼠标悬浮时，#in1以中心点为基点,逆时针旋转30度">
80        <div id = "in2">
81          中心点
82        </div>
83      </div>
84      <div id = "out3" title = "鼠标悬浮时，#in1以左上角为基点,顺时针旋转30度">
85        <div id = "in3">
86          (0,0);
87        </div>
88      </div>
89      <div id = "out4" title = "鼠标悬浮时，#in1以右上角为基点,顺时针旋转30度">
90        <div id = "in4">
91          (right,top);
92        </div>
93      </div>
94      <div id = "out5">
95        <div id = "in5">
96          (right,bottom);
97        </div>
98      </div>
99      <div class = "clear">
100     </div>
101    </div>
102  </body>
103</html>
```

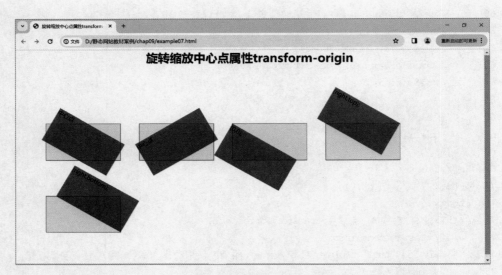

图 9 - 7 例 9 - 7 example07.html 测试旋转缩放中心点属性 transform-origin 效果图

9.3 动　　画

CSS 动画可以为网站添加生动的交互效果。在 CSS3 中，通过引入 @keyframes 规则定义 CSS 动画的关键帧和属性值。本节主要介绍使用 @keyframes 创建动画的方法，包括定义多个关键帧、设置 CSS 属性和应用 animation 属性将动画绑定到 HTML 元素。同时，也强调了浏览器的兼容性、性能和用户体验等。

@keyframes 规则是 CSS3 中用于创建动画的关键工具，它定义了动画的关键帧和属性值。通过设置不同时间点的关键帧，开发者可以控制元素在动画过程中的状态变化。

1. @ keyframes 规则

在 CSS 中，@keyframes 规则是一种 CSS 规则，可以使用它定义动画，并将动画应用于 HTML 元素。@keyframes 规则用于定义动画的关键帧和属性值。关键帧是指动画中的重要时间点，定义了元素的状态，以及该状态应该持续多长时间。在 @keyframes 规则中，您可以定义任意数量的关键帧，每个关键帧都可以设置任意数量的 CSS 属性。

2. 如何使用 @keyframes 规则

要创建动画，您需要使用两个关键字：@keyframes 和 animation。@keyframes 用于定义动画的关键帧和属性值，而 animation 用于将动画应用于 HTML 元素。

3. @keyframes 规则基本语法格式

```
@keyframes animationname {
        keyframes-selector{css-styles;}
}
```

（1）animationname：表示当前动画的名称，它将作为引用时的唯一标识，因此不能为空。

（2）keyframes-selector：关键帧选择器，即指定当前关键帧要应用到整个动画过程中的位置，值可以是一个百分比、from 或者 to。其中，from 和 0％效果相同表示动画的开始，to 和 100％效果相同表示动画的结束。

（3）css-styles：定义执行到当前关键帧时对应的动画状态，由 CSS 样式属性进行定义，多个属性之间用分号分隔，不能为空。

例 9-8 example08.html 使用@keyframes 和 animation 创建动画，使网页背景色从海绿色变为紫罗兰色，每 2 秒钟变化一次，无限循环变化。

完成此例题包括三个步骤：

第一步，初始化网页背景色；

第二步，定义@keyframes 规则，包括两个关键帧：

① from：背景色初始颜色为海绿色；

② to：背景色结束颜色为紫罗兰色；

第三步，动画作用于目标元素（即选择器）的规则：使用 animation 属性，赋值动画的关键帧集合的名字、持续时间、变化函数和循环次数。

例 9-8　example08.html 通过 animation 属性和@keyframes 规则实现网页背景色的变化，效果如图 9-8、图 9-9 所示。

```
1<! DOCTYPE html>
2<html>
3  <head>
4    <meta charset = "utf-8">
5    <title>@keyframes 规则的起止两种状态</title>
6    <style type = "text/css">
7      body { / * 初始化背景色还绿色 * /
8        background-color: seagreen;
9      }
10     @keyframes dh { / * 定义规则:背景色从海绿色变为紫罗兰色 * /
11       from {
12         background-color: seagreen; / * 背景色为海绿色 * /
13       }
14       to {
15         background-color:palevioletred; / * 紫罗兰色 * /
16       }
17     }
18     .style {
19       animation: dh 2s linear infinite; / * 定义动画变化时间为 2s,线性变化,无限循环 * /
20     }
21   </style>
22 </head>
23 <body class = "style">
24   请看网页背景色的变化……
25 </body>
26</html>
```

图 9-8 例 9-8 初始背景色

图 9-9 例 9-8 结束背景色

4. animation 属性

在定义了@keyframes 规则之后，我们可以使用 animation 属性将动画应用于 HTML 元素。animation 属性包含多个子属性，如下所示。

1）animation-name：指定要应用的动画名称

基本语法规则：animation-name：keyframename | none；

animation-name 属性初始值为 none，适用于所有块元素和行内元素。keyframename 参数用于规定需要绑定到选择器的 keyframe 的名称，如果值为 none，则表示不应用任何动画，通常用于覆盖或者取消动画。

2）animation-duration：指定动画的持续时间

基本语法规则：animation-duration：time；

animation-duration 属性初始值为 0，适用于所有块元素和行内元素。time 参数是以秒（s）或者毫秒（ms）为单位的时间，默认值为 0，表示没有任何动画效果。当值为负数时，则被视为 0。

3）animation-timing-function：指定动画的速度曲线

基本语法规则：animation-timing-function：value；

animation-timing-function 包括 linear、ease-in、ease-out、ease-in-out、cubic-bezier（n，n，n，n）等常用属性值，如表 9-5 所示。

表 9 - 5　**animation-timing-function 的常用属性值**

属　性　值	描　　　　　　述
linear	动画从头到尾的速度是相同的。
ease	默认。动画以低速开始,然后加快,在结束前变慢。
ease-in	动画以低速开始。
ease-out	动画以低速结束。
ease-in-out	动画以低速开始和结束。
cubic-bezier(n,n,n,n)	在 cubic-bezier 函数中自己的值。可能的值是从 0 到 1 的数值。

4）animation-delay:指定动画开始前的延迟时间

基本语法规则：animation-delay:time;

参数 time 用于定义动画开始前等待的时间,其单位是秒或者毫秒,默认属性值为 0。animation-delay 属性适用于所有的块元素和行内元素。

5）animation-iteration-count:指定动画播放的次数

基本语法规则：animation-iteration-count：number ｜ infinite;

animation-iteration-count 属性初始值为 1,适用于所有的块元素和行内元素。如果属性值为 number,则用于定义播放动画的次数;如果是 infinite,则指定动画循环播放。

6）animation-direction：指定动画播放的方向

基本语法规则：animation-direction：normal ｜ alternate;

animation-direction 属性初始值为 normal,适用于所有的块元素和行内元素。该属性包括两个值,默认值 normal 表示动画每次都会正常显示。如果属性值是 alternate,则动画会在奇数次数(1、3、5 等)正常播放,而在偶数次数(2、4、6 等)逆向播放。

7）animation-fill-mode 属性

规定当动画不播放时(当动画完成时,或当动画有一个延迟未开始播放时),要应用到元素的样式。

基本语法规则：animation-fill-mode：none forwards backwards both initial inherit;

8）animation-play-state

animation-play-state 指定动画的播放状态。

9）animation 是复合属性

基本语法规则：animation：animation-name animation-duration animation-timing-function animation-delay animation-iteration-count animation-direction;

需要注意：使用 animation 属性时必须指定 animation-name 和 animation-duration 属性,否则持续的时间为 0,并且永远不会播放动画。

例 9 - 9　example09.html 通过精灵图片动态显示每一幅小猫的画像,如图 9 - 10 所示。

```
1<! DOCTYPE html>
2<html>
3  <head>
4    <meta charset = "utf-8">
5    <title>@keyframes 动画</title>
6    <style type = "text/css">
7      @keyframes dh {/＊ 定义关键帧规则 ＊/
8        from {
9          background-position: -207px -343px;top:0px;left:0px;
10        }/＊ 在区域内显示第一张图时对背景图像定位 ＊/
11        16% {
12          background-position:-207px -360px;
13        }/＊ 在区域内显示第二张图时对背景图像定位 ＊/
14        32% {
15          background-position: -1128px -263px;
16        }/＊ 在区域内显示第三张图时对背景图像定位 ＊/
17        48% {
18          background-position: -1277px -1063px;
19        }/＊ 在区域内显示第四张图时对背景图像定位 ＊/
20        66% {
21          background-position:-220px -1264px;
22        }/＊ 在区域内显示第五张图时对背景图像定位 ＊/
23        84% {
24          background-position: -217px -2260px;
25        }/＊ 在区域内显示第六张图时对背景图像定位 ＊/
26        to {
27          background-position: -1137px -2000px;
28        }/＊ 在区域内显示第七张图时对背景图像定位 ＊/
29      }
30      .catBack {
31        background: url(images09/d12.jpg) no-repeat 0  0;/＊ 加载背景图片 ＊/
32        width: 1000px;/＊ 设置显示区域宽度 1000px; ＊/
33        height: 1000px;/＊ 设置显示区域高度 1000px; ＊/
34        margin: 0px auto;/＊ 上下 0px,左右居中 ＊/
35      }
36      .catBack {
37        animation: dh 10s linear infinite alternate;
38        /＊ 定义动画变化时间为 10s,线性变化,无限循环,方向交替 ＊/
39      }
40    </style>
41  </head>
42  <body>
43    <div class = "catBack"><! -- 定义显示图像的区域 -->
44    </div>
45  </body>
46</html>
```

在例 9-9 中,第 43、44 句,向网页中插入 div 区域,类名为"catBack"。

从第 30 行到第 35 行 CSS 语句实现类选择器.catBack 指向的目标区域的大小为宽和高均为 1000px,左右居中对齐,并在此区域加载背景图像,如第 31 句:background:url(images09/d12.jpg) no-repeat 0 0;/* 加载背景图片 */

从第 7 行到第 29 行定义关键帧规则,包括 6 个关键帧,分别在第 8、11、14、17、20、23、26 分别是整个动画过程的 0%(from)、16%、32%、48%、66%、84%、100%时的加载背景图片位置制定图像的样式。从而实现依次显示具有六只小猫的背景图像的六只可爱小猫。

图 9-10   example09.html 动态显示小猫画像

9.4   阶段案例——诗画之美

此案例通过两个 ul li 水平显示图文并茂的"诗画之美"的页面。页面中加入动画效果,给页面增添活力。

9.4.1   结构分析

(1) 页面中包含一个大盒子,在盒子中包含两行:第一行包括四个区域,分别显示图片、文本、图片、文本。

(2) 第二行包括四个区域,分别显示文本、图片、文本、图片。

(3) 文本包括诗词标题、作者或者诗词类型、诗词内容。

(4) 根据网页内容分析,例 9-10 从第 38 行到第 75 行通过标签的层级结构显示页面结构。

(5) 盒子用<div>类名为 box,如第 39 行<div class="box">。

(6) 在大盒子中所包含的两行内容用列表 ul li 来构造,分别是第 40 行到第 59 行、第 60 行到第 73 行,两者定义不同的 id 值,分别为:"row1"和"row2"。

(7) 在列表项 li 中,需要奇数项和偶数项交替显示图像和文本。插入图像的方法是在

<li></li>中插入<img>标签；插入文本，我们给 li 加入属性 class＝"text"，并在标签内插入标签<h2></h2><h5></h5><p></p>用于标记诗词题目、作者或者类型、诗词语句等。

例 9－10　example10.html 实现"诗画之美"页面的动画效果，如图 9－11 所示。

```
1<! DOCTYPE html>
2<html>
3  <head>
4    <meta charset = "utf-8">
5    <title>诗画之美</title>
6    <style type = "text/css">
7      * {
8        margin: 0;
9        padding: 0;
10       border: 0;
11     }
12     ul li {
13       list-style: none;/* 清空列表项样式 */
14     }
15     .clear {
16       clear: both;/* 清除两边浮动 */
17     }
18     .box {
19       width: 1200px;
20       height: 300px;
21       margin: 50px auto;/* 元素左右居中显示 */
22     }
23     .box ul li {/* 所有列表项左浮动,呈水平显示 */
24       width: 300px;
25       float: left;
26     }
27     .box ul li img {
28       width: 100%;
29     }
30     .box ul li img:hover{transform:scale(1.1);}/* 鼠标悬浮于图片时图片放大为原来的
1.1 倍 */
31     .box ul .text{padding-top:10px;padding-bottom:10px;}/* 文本上下内填充 10px */
32     .box ul .text:hover{background-color:rgba(0,255,0,0.2);}/* 鼠标悬浮于文本,背景呈
现透明的绿色 */
33     h2,h5,p {
34       text-align: center;/* 文本居中对齐 */
35     }
36   </style>
37  </head>
38  <body>
```

```
39        <div class = "box">
40          <ul id = "row1"><! -- id 值为 row1 的 ul 列表,即第一行图文并茂 -->
41            <li><img src = "images09/swan.jpg"></li>
42            <li class = "text">
43              <h2>赞美黑天鹅</h2>
44              <h5>七绝诗</h5>
45              <p>水中优雅舞婆娑,<br>红掌轻舒漾碧波。<br>
46                  颈曲仙姿浮靓影,<br>翅开婀娜映香荷。<br>
47                  羽毛似染羲之墨,<br>清唳如吟季子歌。<br>
48                  闲步云龙湖柳岸,<br>怡情细赏黑天鹅。</p>
49            </li>
50            <li><img src = "images09/rabbit.jpg"></li>
51            <li class = "text">
52              <h2>月中玉兔日中鸦</h2>
53              <h5>朱敦儒〔宋代]《诉衷情》</h5>
54              <p>
55                  月中玉兔日中鸦。<br>随我度年华。<br>不管寒风雨,饱饭热煎茶。<br>居士
竹,故侯瓜。<br>老生涯。<br>自然天地,本分云山,到处为家</p>
56            </li>
57            <div class = "clear"><! -- 用于第一行后面清除浮动,不影响第二行元素的正常显
示 -->
58            </div>
59          </ul>
60          <ul id = "row2"><! -- id 值为 row2 的 ul 列表,即第二行图文并茂 -->
61            <li class = "text">
62              <h2>葵花</h2>
63              <h5>宋代.吴子良</h5>
64              <p>花生初咫尺,<br>意思已寻丈。<br>一日复一日,<br>看看众花上。</p>
65            </li>
66            <li><img src = "images09/sunflower.jpg"></li>
67            <li class = "text">
68              <h2>沁园春·长沙</h2>
69              <h5>【作者】毛泽东</h5>
70              <p>独立寒秋,湘江北去,橘子洲头。<br>看万山红遍,层林尽染;<br>漫江碧透,百
舸争流。<br>鹰击长空,鱼翔浅底,万类霜天竞自由。<br>怅寥廓,问苍茫大地,谁主沉浮? <br>携来
百侣曾游,忆往昔峥嵘岁月稠恰同学少年,风华正茂;<br>书生意气,挥斥方遒。<br>指点江山,激扬文
字,粪土当年万户侯。<br>曾记否,到中流击水,浪遏飞舟? </p>
71            </li>
72            <li><img src = "images09/eagle.jpg"></li>
73          </ul>
74        </div>
75      </body>
76  </html>
```

图 9‑11   例 9‑10 example10.html 诗画之美

9.4.2   样式分析

（1）整个盒子居中显示。

（2）第一行的奇数列显示图画,偶数列显示文本;第二行的奇数列显示文本,偶数列显示图画。

（3）两行图文并茂效果均交叉显示。

9.4.3   代码实现

该网页通过内嵌式 CSS 样式,采用结构与代码相分离的表现形式书写 HTML 代码文件 example10.html。在 example10. html 中,从第 38 行到第 75 行是网页主体结构部分的 <body></body>代码。在网页主体<body></body>内定义一个容器,即第 39 行与第 74 行所定义的一对标签<div class＝"box"></div>,用于承载所有的图文并茂的网页元素,并布局整体容器的位置和大小等效果。在 class＝"box"的 div 容器中包含两队<ul></ul>无序列表,分别是从第 40 行到第 59 行的<ul id＝"row1"></ul>元素,实现第一行的图文并茂效果;从第 60 行到第 73 行的<ul id＝"row2"></ul>的第二行的图文并茂效果。两对<ul></ul>标签中均包含四对<li></li>标签,其中<li class＝"text"></li>用于容纳标题和诗词的文本内容。

需要注意的是在第一行的图文并茂的<ul id＝"row1"></ul>的列表中的四对表示图片、文本的列表项标签<li></li>的后面需要加入从第 57 行到第 58 行代码<div class＝

"clear"></div>用于清除因<li></li>的浮动设置造成的布局混乱的不良影响。

从第 6 行到第 36 行是内嵌的 CSS 样式代码,可根据注释去理解元素的样式属性和属性值所表现的效果。完整的代码如例 9 - 10 的 HTML 文件 example10.html 所示。

项目 10

响应式设计自适应"发现美"页面

知识目标

(1) 了解响应式设计思想。
(2) 理解视口和媒体查询的功能和作用。
(3) 掌握百分比布局和弹性布局的方法。

能力目标

(1) 能够运用响应式设计方法实现自适应网页。
(2) 能够运用视口和媒体查询实现不同屏宽页面的合理布局 。
(3) 能够运用百分比布局和弹性布局等方法实现响应式网页效果。

素质目标

(1) 培养自信心,响应祖国的号召。
(2) 培养适应环境,提升自我的能力。
(3) 具有大局观和集体主义精神。

10.1 响 应 式 布 局

响应式布局是 Ethan Marcotte 在 2010 年 5 月提出,为解决移动端浏览互联网页问题而诞生的。响应式布局能够使一个网站兼容多种类型的终端,而不是为每个终端做一个特定版本的网站。

响应式布局设计需要考虑页面在 PC 端和移动端设备上的呈现效果;移动端页面的显示效果与移动端设备的视口有关。包括视口、媒体查询、百分比布局和弹性布局等方法。

10.1.1 视口

1. 视口的定义

视口(viewport)是用户在网页上的可见区域。视口随设备而异,在移动电话上会比在计算机屏幕上更小。在平板电脑和手机之前,网页仅设计为用于计算机屏幕的固定大小设置。当我们开始使用平板电脑和手机上网时,固定大小的网页太大了,无法适应视口。为了解决这个问题,这些设备上的浏览器会按比例缩小整个网页以适合屏幕大小。然而这样做的视觉效果并不好。

2. 视口的作用

不管网页原始的分辨率尺寸有多大,都能将其缩小显示在手机浏览器上。

3. 视口的类别

移动端三种视口:布局视口、视觉视口和理想视口。

(1) 布局视口(也叫视窗视口):指网页的宽度,一般移动端浏览器都默认设置了布局视口的宽度,如图 10-1 所示。布局视口存在的问题:当移动端浏览器展示 PC 端网页内容时,由于移动端设备屏幕比较小,网页在手机的浏览器中会出现左右滚动条,用户需要左右滑动才能查看完整的一行内容。

(2) 视觉视口(也叫可见视口):指用户正在看到的网站的区域,这个区域的宽度等同于移动设备的浏览器窗口的宽度,如图 10-2 所示。

当手机中缩放网页的时候,操作的是视觉视口,而布局视口仍然保持原来的宽度。

(3) 理想视口:布局视口与理想视口保持一致,如图 10-3 所示。

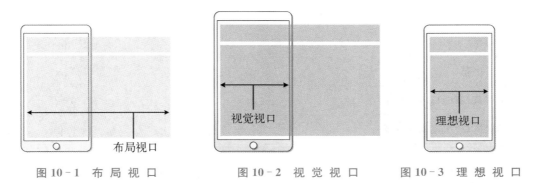

图 10-1　布 局 视 口　　　　图 10-2　视 觉 视 口　　　　图 10-3　理 想 视 口

使用理想视口的方式,可以使网页在移动端浏览器上获得最理想的浏览和阅读的宽度。

4. 设置视口

按照以往的按照屏幕宽度按比例缩放的方式实现网页布局大小与设备大小的一致性,视觉效果不理想。在 HTML5 中,Web 设计者可以通过<meta>标签来控制视口。在所有响应式设计网页中包含以下<meta>视口元素将<meta>标签中的 name 属性设为 viewport,即可设置视口。

视口定义的语法:< meta name = " viewport" content = " user-scalable = no, width = device-width, initial-scale=1.0, maximum-scale=1.0">

它为浏览器提供了关于如何控制页面尺寸和缩放比例的指令。width=device-width 部分将页面的宽度设置为跟随设备的屏幕宽度(视设备而定)当浏览器首次加载页面时,initial-scale=1.0 部分设置初始缩放级别。

10.1.2　媒体查询

接下来我们要考虑在不同设备大小的网页布局的适应性。遵循的原则就是把内容调整到适合视口的大小。用户习惯在台式机和移动设备上垂直滚动网站,而不是水平滚动! 因此,如果迫使用户水平滚动或缩小以查看整个网页,则会导致不佳的用户体验。

(1) 为了良好的用户体验,还需要遵循的一些附加规则。

第一,请勿使用较大的固定宽度元素,避免因为某元素比如图像的宽度大于视口的宽度,导致视口水平滚动。

第二,不要让内容依赖于某一个特定的视口宽度来呈现好的效果,因为通过 CSS 像素计算的屏幕尺寸和宽度在设备之间变化很大,因此内容不应依赖于特定的视口宽度来呈现良好的效果。

第三,使用 CSS 媒体查询为小屏幕和大屏幕应用不同的样式。页面元素设置较大的 CSS 绝对宽度将导致该元素对于较小设备上的视口太宽,应该考虑使用相对宽度值,例如 width:100%。另外,要小心使用较大的绝对定位值,这可能会导致元素滑落到小型设备的视口之外。表 10-1 给出几个典型的响应式布局设备尺寸表格。

表 10-1 典型的响应式布局设备尺寸

设 备 划 分	尺 寸 条 件	网页布局宽度设置
超小屏幕	<=575 px	100%
小屏幕	>=576 px	540 px
中等屏幕	>=768 px	720 px
大屏幕(桌面显示器)	>=992 px	960 px
超大屏幕(大桌面显示器)	>=1 200 px	1 140 px

按照以上的典型响应式布局设备的屏宽情况,我们通过数轴表示,如图 10-4 所示。

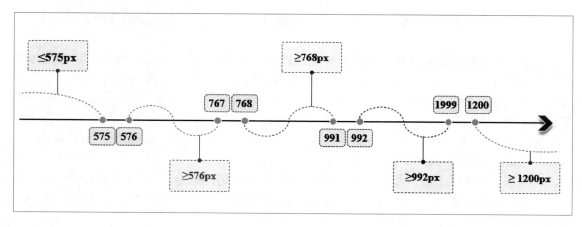

图 10-4 媒体查询数轴

(2) 媒体查询由媒体类型和条件表达式组成。以下是响应式布局的语法结构。

```
<style>
  @media screen and (max-width: 960px){
    /* 样式设置 */
  }
</style>
```

通过媒体查询我们实现一个案例：在不同屏幕下页面背景色不同。首先我们画出流程图如图 10-5 所示。

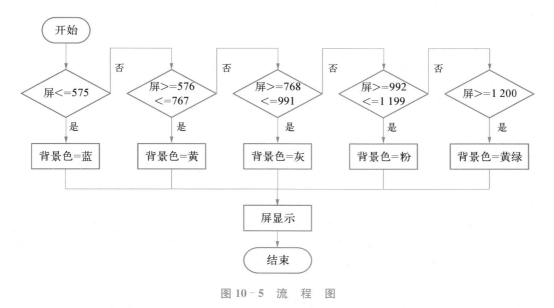

图 10-5 流 程 图

例 10-1 example01_1.html,example01_2.html 通过媒体查阅实现不同大小屏幕下的网页背景色的不同效果。按照流程图写出程序 example01_1.html：

```
[example01_1.html]
1   <! DOCTYPE html>
2   <html>
3     <head>
4       <meta charset = "utf-8">
5       <meta name = "viewport" content = "width = device-width"/><! -- 定义视口 -->
6       <title>响应式页面背景色(从小屏到大屏)</title>
7       <style type = "text/css">
8         body{background:yellowgreen;}/* 初始状态时网页背景色为红色 */
9         /* 媒体查询 */
10        /* 屏宽小于等于 575px 时 */
11        @media screen and (max-width:575px){
12            body{background:blue;}
13        }
14        /* 屏宽大于等于 576px,并且小于等于 767px */
15        @media screen and (min-width:576px) and (max-width:767px){
```

```
16          body{background:yellow;}
17        }
18        /* 屏宽大于等于 768px,并且小于等于 991px */
19        @media screen and (min-width:768px) and (max-width:991px){
20          body{background:grey;}
21        }
22        /* 屏宽大于等于 992px,并且小于等于 1199px */
23        @media screen and (min-width:992px) and (max-width:1199px){
24          body{background:pink;}
25        }
26        /* 屏宽大于等于 1200px 时 */
27        @media screen and (min-width:1200px) {
28          body{background:yellowgreen;}
29        }
30      </style>
31    </head>
32    <body>
33    </body>
34  </html>
```

在 example01_1.html 程序中,第 32、33 行是网页主体 body 部分,大家发现这里是一个空页面。那么通过第 11、15、19、23、27 行我们设置了媒体查询条件,从而给出不同设备屏宽的情况,在第 12、16、20、24、28 行的媒体查询条件的{}所指定的规则中,我们分别设置了选择器 body 即页面的样式规则,给出了不同的背景色。大家写完程序后可以运行一下效果,得到如图 10－6 所示的页面。

按照移动优先的规律,由小屏到大屏将程序简化优化后如例题 example01_2.html:

```
[example01_2.html]
1  <! DOCTYPE html>
2  <html>
3  <head>
4    <meta charset = "utf-8">
5    <meta name = "viewport" content = "width = device-width"/><! -- 定义视口 -->
6    <title>响应式页面背景色(从小屏到大屏)</title>
7    <style type = "text/css">
8        body{background:yellowgreen;} /* 初始状态时网页背景色为黄绿色 */
9        @media screen and (max-width:575px){ /* 屏宽小于等于 575px 时 */
10         body{background:blue;}
11       }
12       @media screen and (min-width:576px){ /* 屏宽大于等于 576px 时 */
13         body{background:yellow;}
14       }
15       @media screen and (min-width:768px){ /* 屏宽大于等于 768px 时 */
16         body{background:grey;}
17       }
```

```
18      @media screen and (min-width:992px){ /* 屏宽大于等于 992px 时 */
19          body{background:pink;}
20      }
21      @media screen and (min-width:1200px) {/* 屏宽大于等于 1200px 时 */
22          body{background: yellowgreen;}
23      }
24    </style>
25  </head>
26  <body>
27  </body>
28 </html>
```

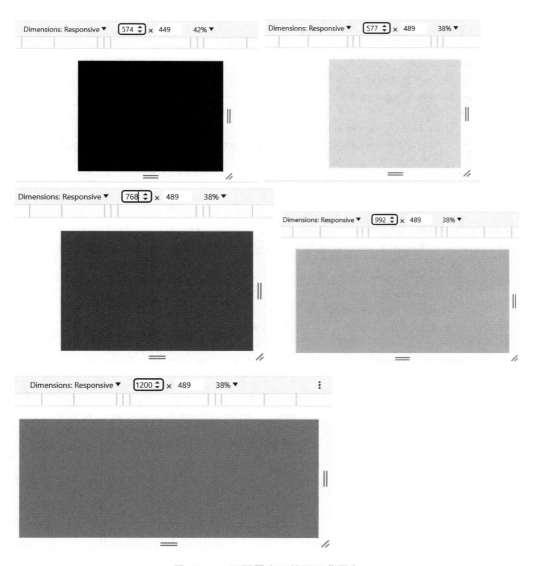

图 10-6　不同屏宽下的网页背景色

10.2 百 分 比 布 局

百分比布局是一种网页设计方法,其中元素的宽度、高度、边距、内边距等属性使用百分比值来设置,而不是固定的像素值。这种布局方式使得元素的尺寸相对于其父容器的尺寸进行调整,从而实现自适应的效果。

百分比宽度的计算方式为：用目标元素宽度除以父盒子的宽度乘以 100％。

例 10-2 通过 example02.html 举例来说明百分比布局实现方法。

例 10-2　example02.html 百分比布局实现方法。

```
1  <! DOCTYPE html>
2  <html lang = "en">
3    <head>
4     <meta charset = "utf-8">
5     <title>百分比布局</title>
6     <style type = "text/css">
7       * {
8          box-sizing: border-box;
9          /* 元素的 width 值包含 padding 和 border ,元素的实际宽度   = width-padding_
   left-padding_right-border_left-border_right * /
10        }
11      <body> * {
12        /* body 的所有子元素 */
13        width: 95％;
14        /* 宽度值为父元素 body 的宽度的 95％ */
15        height: auto;
16        margin: 0 auto;
17        margin-top: 10px;
18        border: 1px solid ＃000;
19        padding: 5px;
20      }
21      header {
22        height: 60px;
23      }
24      nav {
25        min-height: 120px;
26        /* 最小高度 120px */
27      }
28      section {
29        height: 300px;
30        border: none;
31        padding: 0px;
32      }
33      footer {
```

```
34        height: 60px;
35      }
36    section> * {
37        height: 100%;
38        /* 高度值为父元素 section 的高度的 100% */
39        padding: 5px;
40        /* 左右内填充 5px */
41        float: left;
42        /* 左浮动 */
43        border: 1px solid #000;
44      }
45    aside {
46        width: 25%;
47        /* 侧边栏 aside 的宽度占父元素 section 宽度的 25% */
48      }
49    article {
50        width: 48%;
51        /* 文章块 article 的宽度占父元素 section 宽度的 48% */
52        margin-left: 1%;
53        /* 文章块 article 的左外边距占父元素 section 宽度的 1% */
54        margin-right: 1%;
55        /* 文章块 article 的右外边距占父元素 section 宽度的 1% */
56      }
57    </style>
58  </head>
59  <body>
60    <header>头部</header>
61    <nav>导航</nav>
62    <section>
63      <aside>侧边栏 1</aside>
64      <article>文章</article>
65      <aside>侧边栏 2</aside>
66    </section>
67    <footer>页脚</footer>
68  </body>
69  </html>
```

在程序 example02.html 中的第 7 行用到了 box-sizing 属性，box-sizing 属性用来定义某个元素 width 的取值方式的。该元素此处取值为 border-box；padding 和 border 被包含在定义的 width 和 height 之内，对象的实际宽度就等于设置的 width 值。* {box-sizing：border-box；}的含义即是初始化网页中所有元素的 width 和 height 值包含内边距 padding 和边框 border，从而使 width 和 height 指定的尺寸大小就是元素的实际大小。

程序中第 11 行 body> * 表示的含义是 body 中的所有子元素。程序的第 13 行中 width：95%；表示该元素的宽度是其父元素宽度的 95%；同理，程序第 37 行中语句：height：100%；表示含义为该元素的高度值为其父元素 section 的高度的 100%；同样道理，第 46、50、52、54

行分别说明了元素的宽度、左外边距、右外边距分别占父元素对应属性值的百分比。这样做使网页元素的布局具有弹性，能随着浏览器实际宽度的变化而变化。在程序响应式设计中，这种相对值的设置方式比固定值的设置方式更具灵活性。图 10-7 示意宽屏下百分比布局效果。

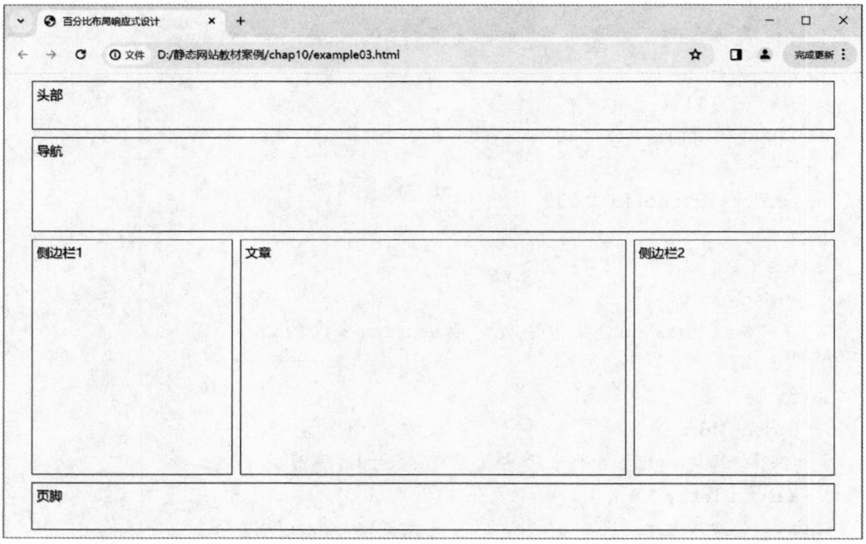

图 10-7　宽屏下百分比布局效果

例 10-3 在 example02.html 程序的基础上进行响应式的设计，实现图 10-8 移动端窄屏下页面效果。这里，需要增加视口和媒体查询语句，使得该网页在屏宽小于等于 575 px 的移动端设备中呈现相适应的布局方式。我们只需要在 example02.html 程序代码的基础上增加相应语句，完成 example03.html 代码的编写。

第一步，复制 example02.html 代码的 body 部分完成网页元素的构造；

第二步，复制 example02.html 代码的内嵌式 CSS 语句<style></style>区域代码；

第三步，在 html5 的 head 部分添加设置视口语句：

<meta name="viewport" content="user-scalable=no, width=device-width, initial-scale=1.0, maximum-scale=1.0">

第四步，在内嵌式 CSS 代码<style></style>标签中最后部分即</style>标签前面插入媒体查询条件及该条件下不同元素的设置规则。代码如下：

例 10-3　example03.html 通过媒体查阅实现屏幕宽度小于等于 575 px 时，即移动端的页面布局效果。

```
@media screen and (max-width: 575px) {
  section> * {
    width: 100%;
    height: 32%;
    /* section 中的每一个元素的高度占整体容器高度的 32% */
    padding: 5px;
    float: none;/* section 的所有子元素均不浮动 */
    margin-bottom: 10px;
```

```
        }
    article {
        width: 100%;
        margin-left: 0px;
        }
    footer {
        margin-top: 20px;
        }
    }
```

完整代码如 example03.html。

【example03.html】
```
1    <! DOCTYPE html>
2    <html lang = "en">
3      <head>
4     <meta charset = "utf-8">
5     <title>百分比布局响应式设计</title>
6     <! --第一步,定义视口 -->
7     <meta name = "viewport" content = "user-scalable = no, width = device-width, initial-scale = 1.0,
maximum-scale = 1.0">
8     <style type = "text/css">
9        * {
10           box-sizing: border-box;
11           /* 元素的 width 值包含 padding 和 border ,元素的实际宽度 = width-padding_left-
padding_right-border_left-border_right */
12        }
13        body> * {
14           /* body 的子元素 */
15           width: 95%;
16           /* 宽度值为父元素 body 的宽度的 95% */
17           height: auto;
18           margin: 0 auto;
19           margin-top: 10px;
20           border: 1px solid #000;
21           padding: 5px;
22        }
23        header {
24           height: 60px;
25        }
26        nav {
27           min-height: 120px;
28           /* 最小高度 120px */
29        }
30        section {
```

```
31          height: 300px;
32          border: none;
33          padding: 0px;
34      }
35      footer {
36          height: 60px;
37      }
38      section> * {
39          height: 100%;
40          /* 高度值为父元素 section 的高度的 100% */
41          padding: 5px;
42          /* 左右内填充 5px */
43          float: left;
44          /* 左浮动 */
45          border: 1px solid #000;
46      }
47      aside {
48          width: 25%;
49          /* 侧边栏 aside 的宽度占父元素 section 宽度的 25% */
50      }
51      article {
52          width: 48%;
53          /* 文章块 article 的宽度占父元素 section 宽度的 48% */
54          margin-left: 1%;
55          /* 文章块 article 的左外边距占父元素 section 宽度的 1% */
56          margin-right: 1%;
57          /* 文章块 article 的右外边距占父元素 section 宽度的 1% */
58      }
59      /* 第二步,定义媒体查询 */
60      /* 浏览器屏幕宽度小于等于 575px 时 */
61      @media screen and (max-width: 575px) {
62          section> * {
63              width: 100%;
64              height: 32%;
65              /* section 中的每一个元素的高度占整体容器高度的 32% */
66              padding: 5px;
67              float: none;/* section 的所有子元素均不浮动 */
68              margin-bottom: 10px;
69          }
70          article {
71              width: 100%;
72              margin-left: 0px;
73          }
74          footer {
75              margin-top: 20px;
76          }
```

```
77        }
78    </style>
79  </head>
80  <body>
81    <header>头部</header>
82    <nav>导航</nav>
83    <section>
84      <aside>侧边栏 1</aside>
85      <article>文章</article>
86      <aside>侧边栏 2</aside>
87    </section>
88    <footer>页脚</footer>
89  </body>
90  </html>
```

图 10-8　移动端窄屏下页面效果

10.3　弹　性　布　局

　　弹性布局(flexible Box),是为盒子模型容器提供弹性的一种布局方式。弹性盒既不使用浮动,也不会合并弹性盒容器与其内容之间的外边距,是一种非常灵活的布局方法,它可以轻松地创建响应式网页布局。

　　弹性盒布局结构由四部分组成:父容器、子元素、主轴、交叉轴,如图 10-9 所示。父容器通常是具有弹性的。子元素均匀排列在父容器中。所谓主轴就是子元素的排列方向,交叉轴是与主轴相互垂直的轴。如果子元素按照横轴排列,那么主轴就是横轴,而交叉轴就是纵轴。设置弹性盒布局样式需要从两个角度来设置:父容器属性和子元素属性。

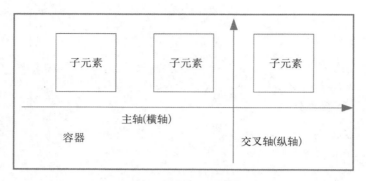

图 10－9　弹性盒布局四要素

10.3.1　父容器属性

1. display 属性

我们来设置一下父容器属性为 flex。通过该属性和属性值对的设置，我们指定了父容器类型为弹性盒容器。

语法结构为：display：flex。

2. flex-flow、flex-direction、flex-wrap 属性

弹性盒容器的子元素排列方式要从主轴方向和交叉轴方向两个角度研究。我们通过父容器属性 flex-flow 来综合设置主轴方向和是否换行。flex-flow 是复合属性，是 flex-direction 和 flex-wrap 复合属性，用于排列弹性父容器的子元素。

（1）flex-flow 属性。默认情况下，主轴为横轴，不换行。此时语法格式为：flex-flow：row no-wrap；

（2）flex-direction 属性作用：调整主轴的方向，可以调整为横向或者纵向。

flex-direction 属性的取值有四种，如表 10－2 所示，row 指弹性盒子元素按横轴方向顺序排列（此值为默认值）；row-reverse 指弹性盒子元素按横轴方向逆序排列；column 指弹性盒子元素按纵轴方向顺序排列；column-reverse 指弹性盒子元素按纵轴方向逆序排列。

表 10－2　属性 flex-direction 的取值

取　　值	描　　述
row	弹性盒子元素按横轴方向顺序排列（默认值）
row-reverse	弹性盒子元素按横轴方向逆序排列
column	弹性盒子元素按纵轴方向顺序排列
column-reverse	弹性盒子元素按纵轴方向逆序排列

（3）flex-wrap 属性作用：设置伸缩容器中的伸缩项是单行显示还是多行显示。

flex-wrap 属性的取值有四种，如表 10－3 所示，nowrap 指弹性盒容器为单行，该情况下弹性盒容器的子项可能会溢出容器；wrap 指弹性盒容器为多行，弹性盒子项溢出的部分会被放置到新行，第一行在上方；wrap-reverse 反转换行排列，第一行显示在下方。

表 10 - 3　属性 flex-wrap 的取值

取　　值	描　　　　述
nowrap	弹性盒容器为单行,该情况下 flex 子项可能会溢出容器
wrap	弹性盒容器为多行,flex 子项溢出的部分会被放置到新行,第一行在上方
wrap-reverse	反转 wrap 排列(换行),第一行显示在下方

　　例 10 - 4 强调父容器的 display 属性值 flex;flex-direction 不同属性值 row、row-reverse、column、column-reverse 的含义及不同效果;flex-wap 的不同属性值 nowrap、wrap、wrap-reverse 的含义及不同效果。

　　例 10 - 4　example04.html 测试弹性布局的父容器属性,效果如图 10 - 10 所示。

```
1<! DOCTYPE html>
2<html lang = "en">
3  <head>
4    <meta charset = "UTF-8">
5    <title>弹性盒布局父容器属性</title>
6  </head>
7  <style type = "text/css">
8    .box {
9      display: flex;
10       /* 1.父容器为弹性盒容器 */
11       background-color: #f44141;
12       height: 300px;
13       width: 100%;
14       /* flex-wrap:nowrap; */
15       /* 2.nowrap,wrap,wrap-reverse */
16       /* flex-direction:row; */
17       /* 3.row,column,column-reverse, row-reverse */
18       margin: 20px auto;
19       /* justify-content:flex-start; */
20       /* 4.flex-start, center,flex-end,space-between,space-around */
21       /* align-items:stretch; */
22       /* 5.stretch;baseline;center;flex-end;flex-start; */
23    }
24    .box div {
25       background-color: white;
26       border: 1px solid gray;
27       margin: 2px;
28       width: 100px;
29    }
30  </style>
31  <body>
32    <div class = "box">
33      <div class = "one">one</div>
```

```
34        <div class = "two">two<br>two</div>
35        <div class = "three">three<br>3<br>3</div>
36        <div class = "four">four</div>
37        <div class = "five">five</div>
38        <div class = "six">six</div>
39        <div class = "seven">seven</div>
40        <div class = "eight">eight</div>
41        <div class = "nine">nine</div>
42    </div>
43  </body>
44</html>
```

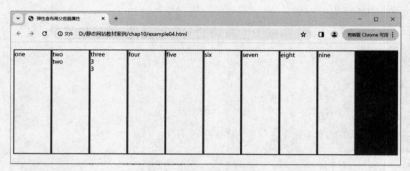

图 10-10　弹性盒布局父容器属性

3. justify-content 属性

父容器的属性 justify-content 的取值有五种，如表 10-4 所示，分别为：① flex-start 是默认值，指弹性盒子元素将向行起始位置对齐；② flex-end 指弹性盒子元素将向行结束位置对齐；③ center 指弹性盒子元素将向行中间位置对齐；④ space-between 弹性盒子元素会平均地分布在行里，第一个元素的边界与最后一个元素的边界与容器两端边界对齐；⑤ space-around 指弹性盒子元素会平均地分布在行里，两端保留子元素与子元素之间间距大小的一半实现环绕对齐。

表 10-4　属性 justify-content 的取值

取　　值	描　　　　述
flex-start	弹性盒子元素将向行起始位置对齐（默认值）
flex-end	弹性盒子元素将向行结束位置对齐
center	弹性盒子元素将向行中间位置对齐
space-between	弹性盒子元素会平均地分布在行里，第一个元素的边界与最后一个元素的边界与容器两端边界对齐
space-around	弹性盒子元素会平均地分布在行里，两端保留子元素与子元素之间间距大小的一半

4. align-items 属性

父容器属性中 align-items 属性用于指定子元素在交叉轴方向的排列情况。Align-items 的取值有五种，如表 10－5 所示，分别为：① flex-start 弹性盒子元素向交叉轴的起始位置对齐；② flex-end 弹性盒子元素向交叉轴的结束位置对齐；③ center 弹性盒子元素向交叉轴的中间位置对齐；④ baseline 指子元素与第一行文字的基线对齐；⑤ stretch 为默认值，将元素拉伸以适合伸缩容器。可用空间在所有元素之间平均分配。子元素如果没有设置高度或者高度为"auto"，则将会占满整个容器的高度，但同时会遵照"min/max-width/height"属性的限制。

表 10－5　align-items 属性的取值

取　值	描　述
flex-start	弹性盒子元素向交叉轴的起始位置对齐
flex-end	弹性盒子元素向交叉轴的结束位置对齐
center	弹性盒子元素向交叉轴的中间位置对齐
baseline	该值将参与子元素的第一行文字的基线对齐
stretch	默认值，将元素拉伸以适合伸缩容器。可用空间在所有元素之间平均分配。子元素如果没有设置高度或者高度为"auto"，则将会占满整个容器的高度，但同时会遵照"min/max-width/height"属性的限制

10.3.2　子元素属性

弹性盒子布局的个性化的子元素属性包括 order、flex、self-align。

1. align-self 属性

align-self 属性：能够覆盖容器中的 align-items 属性，它允许设置单独的子元素的对齐排列方式。align-self 属性的每个值的意义与 align-items 属性的取值类似，取值如下：auto、flex-start、flex-end、center、baseline、stretch。

2. order 属性

子元素属性 order 决定了某个特定子元素的排列顺序，默认为 0，且数值越小，排列越靠前。

3. flex 属性

flex 属性用于定义子项目分配剩余空间，用 flex 来表示占多少份数。

（1）flex 属性是 flex-grow、flex-shrink 和 flex-basis 的复合形式。flex-shrink 和 flex-basis 为可选属性，可省略。

（2）flex-grow 值指的是剩余空间，分配给每一个子元素比率，默认为 0。

（3）flex-shrink 值指的是空间收缩比率，默认为 1；当父元素的宽度小于子元素宽度之和，flex-shrink 属性会按照一定的比例进行收缩，将子元素宽度之和与父元素宽度的差值按照子元素 flex-shrink 的值分配给各个子元素，每个子元素原本宽度减去按比例分配的值，其剩余值为实际宽度。

flex-shrink 属性的默认值为 1，表示如果空间不足，该项目将缩小。如果所有项目的 flex-shrink 属性都为 1，当空间不足时，它们将等比例缩小。如果一个项目的 flex-shrink 属性为 0，其他项目都为 1，则空间不足时，前者不缩小。

（4）flex-basis 指的是子元素缩放宽度的像素值，默认为 auto。

例 10-5　example05.html 效果如图 10-11 所示。

```
1 <! DOCTYPE html>
2 <html lang = "en">
3  <head>
4    <meta charset = "UTF-8">
5    <title>弹性盒布局子元素属性</title>
6  </head>
7 <style type = "text/css">
8    .box {
9        display: flex;
10       background-color: #f44141;
11       height: 300px;
12       width: 100%;
13       flex-wrap: nowrap;
14       /* nowrap,wrap,wrap-reverse */
15       flex-direction: row;
16       /* row,column,column-reverse, row-reverse */
17       margin: 20px auto;
18       justify-content: flex-start;
19       /* flex-start, center,flex-end,space-between,space-around */
20       align-items: stretch;
21       /* stretch;baseline;center;flex-end;flex-start; */
22    }
23    .box div {
24       background-color: white;
25       border: 1px solid gray;
26       margin: 2px;
27       width: 100px;
28    }
29    /* 对某一个特定的子元素的属性进行设置 */
30    .box .one {
31       flex: 1;
32       /* 3.相当于 flex-grow:1,把剩余空间中的 1 份分给.one 子元素 */
33    }
34    .box .four {
35       align-self: center;
36       /* 1.auto;stretch;baseline;center;flex-end;flex-start; */
37       order: 2;
38       /* 2.子元素的顺序,自然顺序值为 0;值越大,越往后排 */
39    }
40    .box .five {
41       align-self: flex-end;
42       /* 1.子元素.five 的交叉轴即此处为纵轴对齐方式为底端对齐。*/
```

```
43        }
44    .box .nine {
45        align-self: baseline;
46        /* 1.子元素.nine的交叉轴即此处为纵轴对齐方式为基线对齐,即是与.three的第一行文
本对齐。*/
47    }
48    .box .two {
49        order: 3;
50        /* 2.子元素的顺序,自然顺序值为0;值越大,越往A后排 */
51    }
52    .box .three {
53        order: 1;
54        /* 2.子元素的顺序,自然顺序值为0;值越大,越往后排 */
55    }
56 </style>
57 <body>
58    <div class = "box">
59        <div class = "one">one</div>
60        <div class = "two">two<br>two</div>
61        <div class = "three">three<br>3<br>3</div>
62        <div class = "four">four</div>
63        <div class = "five">five</div>
64        <div class = "six">six</div>
65        <div class = "seven">seven</div>
66        <div class = "eight">eight</div>
67        <div class = "nine">nine</div>
68    </div>
69 </body>
70</html>
```

在例 10 - 5 中,第 34 行子元素.four 的 align-self 取值为 center,指的是在纵轴上居中对齐。如果值为 stretch,此元素延展对齐;如果为 baseline,此元素基线对齐,就是与含多行文本的第一行对齐;值为 flex-start 表示顶端对齐;值为 flex-end 表示为底端对齐。

第 37 行子元素.four 的属性 order 值为 2,表示顺序号为 2,默认值 0,所有元素按照自然顺序,即 html 结构的 body 中的自然顺序排列。

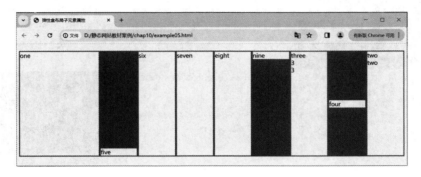

图 10 - 11　弹性盒布局子元素属性

第 31 行中.one 的 flex 值为 1,表示.one 把剩余空间全部占据。

如果.one 和.four 均为 1,则表示把剩余空间一共分成两份,两者共占 2 份,每份占 1/2,即 1 份。

10.3.3 box-sizing

box-sizing 属性允许您以特定的方式定义匹配某个区域的特定元素的大小。

1. 语法结构

box-sizing:content-box ｜ border-box

2. 属性值

1) content-box

content-box 为默认值,此属性表现为标准模式下的盒子模型。padding 和 border 不被包含在定义的 width 和 height 之内。对象的实际宽度等于设置的 width 值和 border、padding 之和,即(Element width ＝ width ＋ border ＋ padding)。

2) border-box

border-box 属性表现为其他特定模式下的盒子模型。padding 和 border 被包含在定义的 width 和 height 之内,对象的实际宽度就等于设置的 width 值,即使定义有 border 和 padding 也不会改变对象的实际宽度,即(Element width＝width)。

10.4　阶段案例——生活之美

本案例通过在 CSS 中的媒体查询条件@media screen and (max-width:575px)和@media screen and (min-width:575px)将页面分别设置了手机端和电脑端两种屏幕大小,并且通过百分比布局、弹性布局的方式使得页面呈现自适应与浏览器窗口大小的不同的视觉效果。如图 10－12、图 10－13 所示。

图 10－12　example06.html"生活之美"页面电脑端效果

10.4.1　网页结构分析和 html 代码

根据页面效果,该网页分成导航栏区域和图文并茂区域两个部分。导航栏区域(<div id="box4">)代码在 example06. html 的第 9～24 行;图文并茂区域(<div id="box3">)代码在第 25～47 行。

其中导航栏区域(<div id="box4">)通过无序列表<ul></u.l>和 9 对<li></li>实现了包括 logo 在内的 9 个导航项。

其中图文并茂区域(<div id="box3">)包含四个子区域,分别是<div id="b31">图像</div>、<div id="b32">文本</div>、<div id="b33">文本</div>、<div id="b34">图像</div>。

例 10-6　example06.html 实现网页"生活之美"的 html 结构。

```
1<! DOCTYPE html>
2<html>
3  <head>
4    <meta charset = "utf-8">
5    <title>生活之美</title>
6    < link rel = "stylesheet" type = "text/css" href = "example07.css" />
7  </head>
8  <body>
9    <div id = "box4">
10      <ul>
11        <li><a href = "#">
12            <div id = "one">< img src = "images10/logo.jpg"></div>
13          </a>
14        </li>
15        <li><a href = "#">首页</a></li>
16        < li>< a href = "example07.html">生活之美</a></li>
17        <li><a href = "#">健康之美</a></li>
18        <li><a href = "#">友谊之美</a></li>
19        <li><a href = "#">科技之美</a></li>
20        <li><a href = "#">夕阳之美</a></li>
21        <li><a href = "#">自然之美</a></li>
22        <li><a href = "#">注册|登录</a></li>
23      </ul>
24    </div>
25    <div id = "box3">
26      <div id = "b31">
27        < img src = "./images10/yoga.jpg">
```

图 10-13　example06.html"生活之美"页面手机端效果

```
28        </div>
29        <div id = "b32">
30          <p>
31            人类的审美意识起源于人与自然的相互作用过程。<br>
32            自然界的色彩、形象、特征,如壮美、磅礴、斑斓、清秀、纯净等,都能使人产生美的享受。
<br>

33            也许正是因为这个相互作用的过程,促使人们总是想方设法让自己的外在形象,给人
以美感。<br>
34            什么样的形象才给人以美感? 就外在而言,如果说一个人美,首先是健康最美。<br>
35            在奥运会、全运会赛场上,运动健儿们展现的力量之美、速度之美、青春之美,令人赏心
悦目、赞叹不已。<br>
36          </p>
37        </div>
38        <div id = "b33">
39          <p>
40            《自然之美》用镜头捕捉无处不在的美,阳刚与阴柔、野性与优雅、繁华与寂寥、雄浑与
洒脱……自然之美,鬼斧神工,气象万千。<br>
41            天地有大美而不言,所幸的是人类有一双发现美的眼睛。<br>当我们把镜头对准包
蕴万千、鬼斧神工的大自然时,会发现美丽就在我们身边。<br>世外桃源般的香格里拉,人间的梦幻天
堂,被多少人引为终老之地;<br>古朴沧桑的科罗拉多大峡谷,造化之笔造就的粗犷与壮观,让人以为站
到了地球的边缘;欧洲最后的净土。<br>圣诞老人的故乡——拉普兰的皑皑白雪、驯鹿雪橇,带你进入
童话世界;<br>远方的安赫尔瀑布,九天之水倾泻而下,涤荡心胸,让你无比震撼……
42          </p>
43        </div>
44        <div id = "b34">
45          <img src = "images10/tree.jpg">
46        </div>
47      </div>
48    </body>
49</html>
```

10.4.2 网页表现样式 CSS 代码

在实现了“生活之美”网页结构之后,接下来通过 CSS 代码美化网页效果。

例 10 - 6example06.css 实现网页“生活之美”的 CSS 样式代码,example06.css 代码如下:

```
1/ * 初始化代码 */
2  * {
3    margin: 0;
4    padding: 0;
5    border: 0;
6  }
7  ul li {
8    list-style: none;
```

```
9    }
10   #box3 #b31 img {
11       width: 100%;
12   }
13   #box3 #b34 img {
14       width: 100%;
15   }
16   #box3 #b32 {
17       width: 500px;
18       background: #fff;
19       padding: 0px;
20       font-size: 20px;
21       line-height: 20px;
22       font-family: "华文楷体";
23   }
24   #box3 #b33 {
25       margin-top: 10px;
26       width: 500px;
27       background: #fff;
28       padding: 0px;
29       font-size: 20px;
30       line-height: 20px;
31       font-family: "华文楷体";
32   }
33   #box4 {
34       width: 100%;
35       min-height: 60px;
36       background-color: rgba(0, 0, 0, 0.8);
37       padding: 0 20px;
38   }
39   #box4 #one {
40       height: 60px;
41   }
42   #box4 #one img {
43       height: 100%;
44       border-radius: 10px;
45   }
46   ul li a:link {
47       color: white;
48       text-decoration: none;
49   }
50   ul li a:hover {
51       color: yellowgreen;
52   }
53   @media screen and (max-width:575px) {
54       body {
```

```
55      background: darkgray;
56    }
57    #box4 ul {
58      width: 500px;
59      margin: 0 auto;
60      display: flex;
61      flex-flow: column;
62    }
63    #box4 ul li {
64      width: 100%;
65      /* background: rgba(255, 0, 0, 0.2); */
66      min-height: 60px;
67      margin-bottom: 10px;
68      flex: 1;
69      text-align: center;
70      line-height: 60px;
71      /* border-radius: 10px; */
72    }
73    #box3 {
74      width: 500px;
75      margin: 50px auto;
76      background: rgba(255, 255, 255, 0.4;)
77    }
78    #box3 #b31 {
79      width: 100%;
80      margin: 0 auto;
81    }
82    #box3 #b31 img,
83    #box3 #b34 img {
84      width: 100%;
85    }
86    #box3 #b32 {
87      background: #fff;
88      padding: 10px;
89      font-size: 24px;
90      line-height: 36px;
91      font-family: "华文楷体";
92    }
93    #box3 #b33 {
94      background: #fff;
95      padding: 10px;
96      font-size: 24px;
97      line-height: 36px;
98      font-family: "华文楷体";
99    }
```

```
100    #box3 #b31 {
101      order: 1;
102    }
103    #box3 #b32 {
104      order: 2;
105    }
106    #box3 #b34 {
107      order: 3;
108    }
109    #box3 #b33 {
110      order: 4;
111    }
112  }
113  @media screen and (min-width:575px) {
114    #box4 ul {
115      width: 95%;
116      margin: 0 auto;
117      display: flex;
118      flex-flow: row;
119    }
120    #box4 ul li {
121      width: 11%;
122      /* background: rgba(255, 0, 0, 0.6); */
123      min-height: 60px;
124      margin-right: 2%;
125      margin-bottom: 10px;
126      flex: 1;
127      text-align: center;
128      line-height: 60px;
129    }
130    #box3 {
131      display: flex;
132      width: 90%;
133      margin: 50px auto;
134      background: rgba(255, 255, 255, 0.4);
135      flex-flow: row wrap;
136    }
137    #box3 #b31,
138    #box3 #b34 {
139      width: 30%;
140      height: auto;
141    }
142    #box3 #b31 img,
143    #box3 #b34 img {
144      width: 100%;
```

```
145        }
146    ♯box3 ♯b32，
147    ♯box3 ♯b33 {
148      width: 70％；
149    }
150    ♯box3 ♯b31 {
151      order: 1；
152    }
153    ♯box3 ♯b32 {
154      order: 2；
155    }
156    ♯box3 ♯b33 {
157      order: 3；
158    }
159    ♯box3 ♯b34 {
160      order: 4；
161    }
162  }
```

从第 2～52 行是初始化页面样式代码部分。第 2～6 行，对所有盒子模型进行外边距、内填充、边框清零设置。第 7～9 行对列表项清除样式。第 10～15 行，使得图像大小与父容器大小的宽度相同，从而在宽度上充满整个父容器。第 16～23 行设置了图文并茂区域 id＝"♯b32"的文本样式；第 24～32 行设置了图文并茂区域 id＝"♯b33"的文本样式。第 33～38 行设置了导航栏♯box4 的整体框架样式。第 39～41 行实现图标所在容器♯one 的高度，第 42～45 行实现了图标图像的大小，其高度值为 100％，充满了整个容器，图像为圆角边框。

从第 53～112 行设置了手机端的各区域的样式。第 53 行的媒体查询语句@media screen and（max-width：575px）表示的含义是屏幕的宽度小于等于 575px；第 60 行代码 display：flex；的含义是指导航栏列表"♯box4 ul"使用弹性布局，第 61 行代码 flex-flow：column；的含义是导航栏列表容器中的子元素按照"列"的方向排列。第 68 行代码 flex：1；表示的含义是父容器"♯box4 ul"中每一个子元素 li 均分配 1 份大小的高度，即把父容器导航栏"♯box4 ul"区域高度分成了 9 份，每份占 1/9。从第 73～77 行设置了图文并茂区域♯box3 的框架容器样式。大家注意第 79 行用了百分比形式设置了♯b31 图像区域的宽度为 100％。从第 100～111 行分别设置了图文并茂子区域♯box3 ♯b31 的显示顺序 order：1； ♯box3 ♯b32 的 order：2；♯box3 ♯b34 的 order：3；♯box3 ♯b33 的 order：4；order 值从 1～4 按照从上到下的顺序进行排列。

从第 113～162 行设置了电脑端各区域的样式。第 113 行的媒体查询语句@media screen and（min-width：575px）表示的含义是屏幕的宽度大于等于 575px；第 117 行代码 display：flex；的含义是指导航栏列表"♯box4 ul"使用弹性布局，第 118 行代码 flex-flow：row；的含义是导航栏列表容器中的子元素按照"行"的方向排列。第 126 行同第 68 行的含义。第 131 行 display：flex；表示图文并茂区域"♯box3"为弹性布局；第 132 行 width：90％；用百分比设置♯box3 的宽度为 90％；第 135 行 flex-flow：row wrap；表示子元素按行排列，能换行。第 139

行 width：30％;表示元素"♯box4 ♯b31"和"♯box4 ♯b34"两个图像区域宽度为 30％。第 148 行 width：70％;表示元素"♯box4 ♯b32"和"♯box4 ♯b33"两个文本区域宽度为 70％。从第 151～161 行的含义如同第 100～111 行,主要对图文并茂区域中各子区域进行排序。

项目 11

综合项目"夕阳之窗网站"

知识目标

(1) 掌握网站设计规划思想。
(2) 掌握组织网站结构的方法。
(3) 理解模板的作用。

能力目标

(1) 能确定网站主题和规划网站内容。
(2) 能组织网站结构。
(3) 能根据网页效果图布局网页。

素质目标

(1) 具有敬老爱老的情怀。
(2) 具有服务社会的意识和能力。
(3) 具有为祖国为人民的奉献精神。

11.1 网 站 规 划

网站规划是指在网站建设前进行需求分析,确定网站的目的和功能,并根据需要对网站建设中的技术、内容、费用、测试、维护等做出规划。网站规划对网站建设起到计划和指导的作用,对网站的内容和维护起到定位作用。

1. 需求分析

不管是建设个人网站、企业网站或是承接商业网站,需求分析往往都是网站项目的第一步。一个网站项目的确立是建立在各种各样的需求上面的,这种需求往往来自客户的实际需求或者是出于公司自身发展的需要,其中客户的实际需求也就是说这种交易性质的需求占了绝大部分。

为什么要建设这个网站、网站的作用是什么、网站的人群定位是什么、能提供哪些服务、能给客户(或是自己)带来哪些好处、什么时候盈利等,搞清楚了网站需求,在很大程度上决定了此类网站开发项目的成败。

2. 域名服务

网站域名显然是非常重要的,选择一个非常有代表性的域名是网站长期发展的必要考虑因素,当网站运营一段时间后(域名已深入人心),如果需要更换域名,可能会流失很多网站流量和客户。这里要注意的是,国内的域名都是需要备案才能使用的,一般的域名备案都需要 15～30 个工作日,所以在网站建设之初,就应该先将域名注册好,以免域名被人提前注册。

3. 原型设计

什么是网站原型设计呢? 简单地说,就是产品设计成型之前的一个简单框架,对网站来讲,就是将页面模块、元素进行粗放式的排版和布局,网页设计师与客户沟通,了解客户的基本要求后,制定网站建设方案,再使用 Photoshop 等图像处理软件进行页面效果图设计。

页面效果图主要包括网站首页效果图、各栏目页效果图、文章内容页效果图,还会加入一些交互性的元素或网站功能流程图,使其更加具体、形象和生动。

在原型设计这一阶段,还会细分以下一些步骤。

1) 栏目设置

网站栏目的实质是一个网站的大纲索引,索引应该将网站的主体明确显示出来。如果网站结构不清晰,目录庞杂,内容东一块西一块,浏览者就很难在网站中快速找到自己想要的东西,就会丢失大量的用户。

2) 页面尺寸

网页的显示尺寸与显示器大小及分辨率是有着直接关系的,像以前的计算机都有 800 像素×600 像素的分辨率,那时的网页设计师就需要注意网页的尺寸必须满足 800 像素×600 像素的分辨率,而现在的计算机主流分辨率可以达到 1 366 像素×768 像素,很多计算机都是 1 920 像素×1 080 像素的分辨率,更有 2 K、4 K 超高清分辨率的出现。网页的高度一般可以通过浏览器的滚动条上下拖动浏览,而宽度设计一般都不会超出显示器的最大宽度。

3) 整体造型

整体造型是指网页的整体形象,如网页的整体配色、布局和排版等。

4. 网页设计

在原型设计通过之后,就可以将原型转换成网页了。一般的操作方法就是利用 Photoshop 将原型图切割成很多小的图片,然后利用网站制作软件(如 Dreamweaver)来设计网页布局,如果网站中有动态功能,如会员系统、购物车系统、留言系统等,那么就需要网站程序员来开发这些功能。

当网页设计师将网页制作完成后,就可以交付给网站程序员进行网站的动态功能设计。

5. 测试并上传

网站测试和现在的游戏内测、公测是一样的,通过测试,在网站正式上线之前将可能出现的问题都解决掉。

一般网站测试的内容就是查看有没有错误的链接或空链接,网站的功能是否完善,浏览器的兼容性是否有显示错误等。复杂的测试包含了压力测试、负载测试和安全性测试等。

6. 网站更新、维护和推广

一个好的网站需要定期或不定期地更新内容,才能不断地吸引更多的浏览者,增加访问量。同时需要定期对网站和数据库进行备份,万一数据丢失了,也可以最大限度地减少损失。

网站推广就是利用信息和网络媒体的交互性来辅助营销目标实现的一种新型的市场营销方式。好的网站推广可以带来可观的网站流量和网站客户,在建设企业网站和电子商务网站时,网站推广显得尤为重要。

11.1.1　网站主题

通过需求分析,本网站命名为"夕阳之窗",主要是针对当前社会日益增长的老龄化社会结构的市场需求而建设的。此网站通过给老年人提供社会保障新闻热点、智慧养老模式、医疗健康服务、智能设备、适老改造等模块的相关新闻咨询和社会服务,给老人提供了一扇积极乐观看世界的老有所安、老有所养的希望之窗。

图 11-1　网站组织目录结构图

11.1.2　网站结构

首先,我们构建网站组织目录结构,根据网站资源分类,包括存储样式文件的 CSS 文件夹、存储图像资源的 images 文件夹、页面文件 index.html 首页、页面文件 register.html 注册|登录页面等,如图 11-1 所示。

11.2　首　　页

网站首页 index.html 页面如图 11-2 所示。整个页面包括:头部 header 区域、banner 区域、主体(.main)区域,及 footer 版权区域。header 区域包括 logo 和导航栏;banner 区域包括突出显示焦点图和右边列表区域;主体(.main)区域包含两个部分:名言警句和国画之风区域与智慧养老模式区域;最下面是 footer 版权区域。现在我们分析首页效果图确定网页结构。

11.2.1　效果图切图

网页切图是一名网页设计师最重要的能力之一,如今的网页设计越来越漂亮,为了让网页与效果图一致,就需要将网页效果图中的部分图像分批切出来,后期制作网页时,再将切出的图片插入网页中。文本部分都不需要切成图像文件,真正需要切出的图片有以下几种:① 网站的标志;② 广告条;③ 栏目图标;④ 网页背景修饰图;⑤ 通用小图标。

图 11‑2　"夕阳之窗"网站首页页面效果图

实施步骤：

第一步，打开 Fireworks(或 Photoshop)，打开我们上节课设计好的效果图。

第二步，在工具栏中，找到"切片"工具，使用这个工具将网页中所有图片分割成后期制作网页时可用的尺寸，不用二次处理。

第三步，将图中所有的图片切好后，选择"文件""导出"菜单，在对话框中，选择一个保存图像的目录，文件名输入名称，导出选项选择"仅图像"，在"切片"栏中选择"导出切片"，单击"导出"按钮，就完成了效果图切成了若干小图，供后期制作使用。

接下来就可以到保存的目录中查看到切图后的图片素材。

11.2.2　制作首页

首先实现网站首页 index.html 页面。在前期工作中，已经实现了首页效果图，现在我们分析首页效果图以确定网页结构。首页页面结构如同一棵大树，如图 11-3 所示，分步实现整个页面 html 结构的设计和 CSS 样式美化。

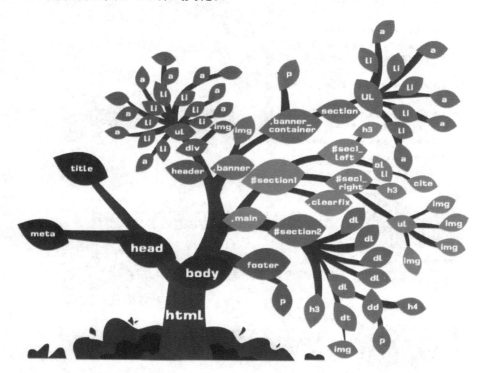

图 11-3　首页 index.html 树形结构图

1. 首页整体布局

1）编写首页总体结构 HTML 代码

右键单击项目管理器中"静态网站"节点，点击->新建->项目，来到对话框(如图 11-4)，在第一行中默认选择"普通项目"；项目名称命名为"chap11"；通过"浏览"按钮选中项目所在的目录，此处选中"D：/静态网站教材案例"；在"选择模板"中选定"基本 HTML 项目"，创建好项目 chap11 之后，在项目管理器中呈现如图 11-5 所示的项目目录结构。

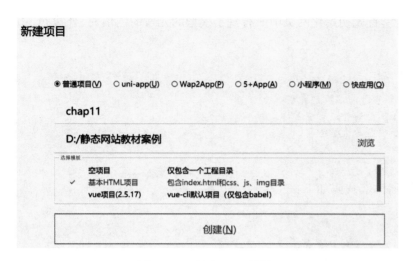

图 11-4　新建项目对话框

图 11-5　项目目录结构

接下来，我们双击 index.html 文件，开始编写首页总体结构代码：

```
1    <! DOCTYPE html>
2    <html>
3      <head>
4        <meta charset = "utf-8">
5        <title>夕阳之窗首页</title>
6      </head>
7      <body>
8        <! -- 网页头部-->
9        <header></header>
10       <! -- 网页 banner -->
11       <div class = "banner"></div>
12       <! -- 网页主体 main -->
13       <div class = "main"></div>
14       <! -- 网页底部 footer -->
15       <footer></footer>
16     </body>
17   </html>
```

2）编写首页总体结构公共样式 CSS 代码（index.css）

（1）链入 index.css 文件。

接下来我们通过 CSS 规则，对网页总体结构进行优化。首先在 CSS 文件夹创建 index.css 页面，通过外链方式将 index.css 文件链入到 index.html 页面中，这里我们把鼠标指向第 6 行前面，输入代码：<link rel="stylesheet" type="text/css" href="css/index.css">。

（2）初始化网页布局。

我们打开 index.css 文件，首先初始化网页中所有盒子模型的元素的内填充、外边距、边框均为零。代码如下：

```
1   * {
2     padding: 0;/* 盒子模型的内填充清零 */
3     margin: 0;/* 盒子模型的外边距清零 */
4     border: 0;/* 盒子模型的边框清零 */
5   }
```

接下来清除所有列表项样式，代码如下：

```
7   ul li {
8     list-style: none;/* 列表项样式清除 */
9   }
```

（3）首页总体布局的各个区域 CSS 样式。

现在我们对首页总体布局的四个部分，即 header 区域、.banner 区域、.main 区域和 footer 区域分别设置其样式。仔细观察页面的各个区域，可以看出，首页的头部和版权信息模块通栏显示。经过对效果图的测量，发现其他模块均宽 1 200 px 且居中显示。也就是说，页面的版心是 1 200 px。代码如下：

```
11   header {
12     width: 100%;/* 实现宽度为 100% */
13     height: 60px;/* 高度为 60 像素 */
14     background-color: rgba(0, 0, 0, 0.8);/* 背景色为透明度为 0.8 的黑色 */
15   }
16
17   .banner {
18     width: 100%;/* 宽度为 100% */
19     height: 400px;/* 高度为 400px */
20     background-color: gainsboro;/* 背景色为亮灰色 */
21   }
22
23   .main {
24     width: 1200px;/* 宽度为 1200px */
25     background-color: gainsboro;/* 背景色为亮灰色 */
26     margin: 10px auto;/* 上下 10px,左右居中对齐 */
27     height:800px;/* 预设高度为 800px */
28   }
29
30   footer {
31     width: 100%;/* 宽度为 100% */
```

```
32        height: 80px;/* 高度为 80px */
33        background-color: rgba(0, 0, 0, 0.7);/* 背景色为透明度为 0.8 的黑色 */
34    }
```

2. 首页 header 区域布局

1）实现 header 区域 HTML 结构代码

在 index.html 中的第 9 行 header 标签内输入 html 代码,构建 header 区域结构。

```
10    <header>
11      <! -- logo 区域 -->
12      <div id = "one">
13        < img src = "myImages/logo.jpg">
14      </div>
15      <! -- 导航栏 -->
16      <ul>
17        <li><a href = "#">首页</a></li>
18        <li><a href = "elderStudy.html">老年大学</a></li>
19        <li><a href = "#">医疗健康</a></li>
20        <li><a href = "#">朋友圈</a></li>
21        <li><a href = "#">智能设备</a></li>
22        <li><a href = "#">适老改造</a></li>
23        <li><a href = "#">助老服务</a></li>
24        <li><a href = "register.html">注册|登录</a></li>
25      </ul>
26    </header>
```

2）实现 header 区域优化的 CSS 代码

打开 index.css 文件继续书写如下代码设置 header 区域的 CSS 样式。

（1）logo 区域 CSS 样式。

```
33header #one {
34  height: 60px;/* 高度 60px */
35  margin-left: 180px;/* 左外边距 180px */
36  margin-right: 30px;/* 右外边距 30px */
37  float: left;/* 左浮动 */
38}

40header #one img {
41  height: 100%;/* 高度 100% */
42  border-radius: 10px;/* 圆角半径 10px */
43}
```

（2）导航栏区域 CSS 样式。

```
45header ul {
46    margin-left: 200px;/* 左外边距 200px */
47    padding-top: 15px;/* 上内填充 15px */
48}

50header ul li {
51    margin-right: 30px;/* 右外边距 30px */
52    float: left;/* 左浮动 */
53}

55header ul li a:link,/* 未访问 */
56header ul li a:visited {/* 访问后 */
57    text-decoration: none;/* 文本样式无下划线 */
58    color: white;/* 文本白色 */
59}

60header ul li a:hover {/* 鼠标悬浮时 */
61    color: goldenrod;/* 文本金色 */
62}
```

3. 首页 banner 区域布局

1）实现 banner 区域 HTML 结构

```
27  <!-- 网页 banner 区域 -->
28      <div class = "banner">
29        <div class = "banner_container">
30          <img src = "images/banner.png">
31          <p>虽是近黄昏,夕阳无限好! </p>
32          <section>
33            <ul>
34              <li><a href = "#one">智慧居家养老模式</a></li>
35              <li><a href = "#two">朋友圈养老模式</a></li>
36              <li><a href = "#three">智能机器人支持模式</a></li>
37              <li><a href = "#four">社区综合服务模式</a></li>
38              <li><a href = "#five">智能化养老公寓模式</a></li>
39            </ul>
40          </section>
41        </div>
42      </div>
```

2）实现 banner 区域美化的 CSS 代码

（1）banner 区域内容容器 CSS 样式。

打开 index.css 文件继续书写如下代码设置 banner 区域的 CSS 样式。

```
70.banner .banner_container {    /* banner 区域内容容器 */
71   width: 1200px;/* 宽度 1200px */
72   height: 400px;/* 高度 400px */
73   margin: 0px auto;/* 居中对齐 */
74   position: relative;  /* 相对定位——为段落 P 和 section 区域的绝对定位打基础 */
75   background-image: url(../images/banner.png);/* 背景图像 */
76 }
```

（2）定义段落 p 的 CSS 样式。
① 第一步：自定义字体。

```
@font-face {
    font-family: myFont;/* 字体名称为 myFont */
    src: url(../fonts/FZJZJW.TTF);/* 字体路径 */
}
```

此语句放在第 11 行的前面定义。
② 第二步：定义段落 p 的 CSS 样式。

```
78.banner .banner_container p {
79   width: 400px;/* 宽度 400px */
80   height: 60px;/* 高度 60px */
81   position: absolute;/* 绝对定位 */
82   left: 400px;/* 距离左边 400px */
83   top: 160px;/* 距离上边 160px */
84   font-size: 30px;/* 文本大小 30px */
85   font-family:myFont;/* 字体为自定义字体 myFont */
86   color:gold;/* 文本颜色为金色 */
87 }
```

③ 第三步：定义 section 的 CSS 样式。

```
89.banner .banner_container section {
90   width: 300px;/* 宽度 300px */
91   height: 380px;/* 高度 380px */
92   background-color: rgba(0, 0, 0, 0.3);/* 背景色透明 */
93   position: absolute;/* 绝对定位 */
94   right: 0;/* 距离右边 0px */
95   top: 0;/* 距离上边 0px */
96   padding-top: 20px;/* 上内填充 20px */
97   border-radius: 10px;/* 圆角边框的圆角半径 10px */
98 }
```

④ 第四步：定义 section 内部导航栏列表项的 CSS 样式。

```
100.banner  .banner_container section ul li {
101   width: 100%;/* 宽度 100% */
102   height: 50px;/* 高度 50px */
103   background:rgba(0, 255, 200, 0.5) url(../images/item.jpg) no-repeat 0px 0px;/* 背景透明
色,图像位置,不重复,坐标 0px 0px */
104   margin-bottom: 20px;/* 下外边距 20px */
105   border-radius: 10px;/* 圆角半径 10px */
106   line-height: 50px;/* 行高 50px */
107   text-align: center;/* 文本居中对齐 */
108}
```

⑤ 第五步:定义 section 内部导航栏列表项的超链接点击前即初始状态时的 CSS 样式。

```
110.banner .banner_container  section ul li a {
111   text-decoration: none;/* 去掉下划线 */
112   color:#fff;/* 文本颜色为白色 */
113}
```

⑥ 第六步:定义 section 内部导航栏列表项的超链接鼠标在其上悬浮时的 CSS 样式。

```
115.banner .banner_container  section ul li a:hover {
116   color:rgb(200,200,200);/* 文本颜色为浅灰色 */
117}
```

4. 首页主体区域布局

(1) 主体区域整体布局 html 结构。

该部分由两个 section 区域模块组成,包括模块一"♯section1"——"名言警句"和"水墨国画"区域,模块二"♯section2"——"智慧居家养老模式"区域。

```
43    <! -- 网页主体 main -->
44    <div class = "main">
45      <! -- 模块 1♯section1 区域 -->
46      <section id = "section1"></section>
47      <! -- 模块 2♯section2 区域 -->
48      <section id = "section2"></section>
49    </div>
```

(2) 模块一"♯section1"区域 html 结构。

"♯section1"区域包括"名言警句"和"水墨国画"两个区域。"名言警句"和"水墨国画"这两个区域左右显示,因此这里我们要通过浮动布局的方式实现这两个区域的左右对齐排列。浮动布局的设置虽然解决了上面两个区域的左右排列,但是也会对其他元素的布局产生影响。为了解决这个影响,这里构造一个空的 div,设置其清除浮动属性。

通过上面的分析,♯section1 区域 html 结构包括三个部分,分别是"名言警句""水墨国画""清除浮动"区域。在第 46 行代码下面构造该区域的总体结构如下:

```
46      <section id = "section1">
47      <! -- 名言警句区域 -->
48      <div id = "sec1_left">
49      </div>
50      <! -- 水墨国画区域 -->
51      <div id = "sec1_right">
52      </div>
53      <! -- 清除浮动区域 -->
54      <div class = "clearFloat">
55      </div>
56      </section>
```

(3) ♯section1 区域——"名言警句"区域♯sec1_left 的 html 结构。

在第 48 行下面构造"名言警句"区域,html 代码如下:

```
47          <! -- 名言警句区域 -->
48          <div id = "sec1_left">
49              <h3>名言警句</h3>
50              <ol>
51              <li>首孝弟,次谨信。<cite>--(清)李毓秀《弟子规》</cite></li>
52              <li>事父母,几谏,见志不从,又敬不违,劳而不怨。<cite>--孔子</cite></li>
53              <li>父母在,不远游,游必有方。<cite>--孔子</cite></li>
54              <li>父母呼,应勿缓;父母命,行勿懒。<cite>--李毓秀《弟子规》</cite></li>
55              <li>夫孝,天之经也,地之义也。<cite>--《孝经》</cite></li>
56              <li>孝,德之始也,悌,德之序也,信,德之厚也,忠,德之正也。曾参中夫四德者也。
<cite>--《家语·弟子行》</cite></li>
57              <li>曾子曰:幸有三,大孝尊亲,其次弗辱,其下能养。<cite>--(春秋)《礼记》</cite>
</li>
58              <li>孝子事亲,不可使其亲有冷淡心,烦恼心,惊怖心,愁闷心,难言心,愧恨心。
<cite>--袁采</cite></li>
59              <li>羊有跪乳之恩,鸦有反哺之义。<cite>--《增广贤文》</cite></li>
60              <li>事其亲者,不择地而安之,孝之至也。<cite>--庄子</cite></li>
61          </ol>
62      </div>
```

(4) ♯section1 区域之"水墨国画"区域♯sec1_right 的 html 结构。

```
63      <! -- 水墨国画区域 -->
64      <div id = "sec1_right">
65          <h3>国画之风</h3>
66          <ul>
```

```
67        <li><img src = "./images/draw1.jpg"></li>
68        <li><img src = "images/draw2.jpg"></li>
69        <li><img src = "images/draw3.jpg"></li>
70        <li><img src = "images/draw4.jpg"></li>
71     </ul>
72   </div>
```

（5）♯section1 区域之"清除浮动"区域的 html 结构。

```
73      <!-- 清除浮动区域 -->
74      <div class = "clearFloat">
75      </div>
```

（6）♯section1 区域的整体布局的美化 css 代码。

```
134.main ♯section1 {
135   width: 1200px;   /* 宽度 1200px */
136}
```

（7）♯section1 区域之"名言警句"♯sec1_left 区域的 css 样式。

```
139.main ♯section1 ♯sec1_left {
140   width: 600px;/* 宽度 600px */
141   float: left;/* 左对齐 */
142   padding-top: 10px;/* 上内填充 10px */
143}

145.main ♯section1 ♯sec1_left h3 {
146   text-align: center;/* 文本居中对齐 */
147   margin-bottom: 10px;/* 下外边距 10px */
148}

150.main ♯section1 ♯sec1_left ol {
151   width: 510px;/* 宽度 510px */
152   margin-left: 10px;/* 左外边距 10px */
153   background: ♯fff;/* 背景色白色 */
154   padding-left: 30px;/* 左内填充 30px */
155   padding-top: 20px;/* 上内填充 20px */
156   padding-right: 20px;/* 右内填充 30px */
157   padding-bottom: 2px;/* 下内填充 2px */
158}

160.main ♯section1 ♯sec1_left ol li {
161   font-size: 24px;/* 字体大小 24px */
```

```
162    font-family: "华文行楷";/* 字体是华文行楷 */
163    line-height: 36px;/* 行高 36px */
164    margin-bottom: 12px;/* 下外边距 12px */
165    background: rgba(0, 255, 100, 0.2);/* 背景色透明绿 */
166    padding-left: 10px;/* 左内填充 10px */
167    padding-right: 10px;/* 右内填充 10px */
168    border-radius: 6px;/* 圆角半径 6px */
169    border: dotted black 1px;/* 边框点线黑色 1px 粗 */
170 }

172.main #section1 #sec1_left ol li:hover {/* 鼠标悬浮在列表项时 */
173    background-color: #eee;/* 背景色灰色 */
174 }

176.main #section1 #sec1_left ol li cite{/* 引用格式化 */
177    font-size:18px;
178    font-family: "黑体";
179 }
```

（8）＃section1 区域之"水墨国画"＃sec1_right 区域的 css 样式。

```
/* 模块 1　#section1 区域中 #sec1_right 区域的 css 样式 */
182.main #section1 #sec1_right {
183    width: 600px;  /* 宽度 510px */
184    float: left;  /* 左浮动 */
185    padding-top: 10px;  /* 上内填充 10px */
186 }

188.main #section1 #sec1_right h3 {
189    text-align: center;  /* 文本居中对齐 */
190 }

192.main #section1 #sec1_right ul {
193    width: 100%;  /* 宽度 100% */
194    padding-top: 10px;  /* 上内填充 10px */
195 }

197.main #section1 #sec1_right ul li {
198    width: 298px;  /* 宽度 298px */
199    float: left;  /* 左浮动 */
200    border: dotted black 1px;  /* 边框点线黑色 1px 粗 */
201    transition: 2s;  /* 过渡持续实践 2 秒 */
202 }

204.main #section1 #sec1_right ul li:hover {  /* 列表项悬浮时 */
```

```
205   transform：scale(1.1)；  /＊ 水平和垂直方向均变大为原来的 1.1 倍 ＊/
206}

208.main ＃section1 ＃sec1_right ul li img｛  /＊ 列表项中的图片 ＊/
209   width：100％；/＊ 宽度 100％ ＊/
210}

212.main ＃section1 ＃sec1_right ul li：nth-of-type(1)｛/＊ 第一个列表项 ＊/
213   margin-left：-10px；/＊ 左外边距-10px ＊/
214   margin-bottom：12px；/＊ 下外边距 12px ＊/
215}

217.main ＃section1 ＃sec1_right ul li：nth-of-type(3)｛/＊ 第三个列表项 ＊/
218   margin-left：-10px；/＊ 左外边距-10px ＊/
219   margin-bottom：10px；/＊ 下外边距 10px ＊/
220}

222.main ＃section1 ＃sec1_right ul li：nth-of-type(2)｛/＊ 第二个列表项 ＊/
223   margin-left：10px；/＊ 左外边距 10px ＊/
224   margin-bottom：12px；/＊ 下外边距 12px ＊/
225}

227.main ＃section1 ＃sec1_right ul li：nth-of-type(4)｛/＊ 第四个列表项 ＊/
228   margin-left：10px；/＊ 左外边距 10px ＊/
229   margin-bottom：10px；/＊ 下外边距 10px ＊/
230}
```

（9）模块 1 ＃section1 区域之"清除浮动"区域.clearFloat 的 css 样式。
这个区域需要在各个水平浮动布局区域内都要来使用,因此我们把它放在前面初始化代码区域中：

```
.clearFloat｛clear：both；｝/＊ 清除两边浮动 ＊/
```

（10）实现主体区域之模块二＃section2 区域的 html 结构。
＃section2 区域包含一个 h3 标题区域和五个 dl 标签的图文并茂区域,需要注意的是每个 dl 中包含 dt 标签"图片",dd 标签"h4 标题和 p 段落文本",还有一个用于清除浮动的 div 区域。

```
77     <! -- 模块 2＃section2 区域 -->
78     <section id＝"section2">
79       <h3>智慧养老模式区域</h3>
80       <dl id＝"sec2_one" class＝"sec2_box">
81         <dt><img src＝"images/elder1.jpg"></dt>
82         <dd>
```

83   \<h4>智慧居家养老模式\</h4>

84   \<p>智慧居家养老模式应运而生,它利用物联网、大数据、人工智能等先进技术,为老年人打造一个安全、便捷、舒适的居家养老环境。本文将从适老化改造、智能设备应用、远程健康咨询、实时健康监测、智能看护服务、私人订制服务以及服务快速响应等七个方面,深入探讨智慧居家养老模式的内涵与实践。\</p>

85   \</dd>

86   \<div class = "clearFloat">

87   \</div>

88 \</dl>

89 \<dl id = "sec2_two" class = "sec2_box">

90   \<dt>\<img src = "images/elder2.jpg">\</dt>

91   \<dd>

92   \<h4>朋友圈养老模式\</h4>

93   \<p>朋友圈养老模式是一种新兴的养老方式,它强调老年人之间的互助、陪伴和共同生活,旨在提高老年人的生活质量,减少孤独感,并促进老年人的社交活动。\</p>

94   \</dd>

95   \<div class = "clearFloat">

96   \</div>

97 \</dl>

98 \<dl id = "sec2_three" class = "sec2_box">

99   \<dt>\<img src = "images/elder3.jpeg">\</dt>

100   \<dd>

101   \<h4>智能机器人支持模式\</h4>

102   \<p>随着科技的飞速发展,智能机器人已逐步渗透到我们生活的方方面面,从家庭服务到工业制造,从医疗健康到公共安全,它们正以强大的功能性和灵活性改变着我们的世界。本文将深入探讨智能机器人的八大核心支持模式,包括实时定位与路径规划、智能避障与检测、摄像监控与传输、自主回充与维护、语音交互与服务、后台管理与调度、防疫检测与健康,以及媒体播放与宣传,全面展示智能机器人在现代社会中的多样化应用与价值。

103   \</p>

104   \</dd>

105   \<div class = "clearFloat">

106   \</div>

107 \</dl>

108 \<dl id = "sec2_four" class = "sec2_box">

109   \<dt>\<img src = "images/elder4.jpg">\</dt>

110   \<dd>

111   \<h4>社区综合服务模式\</h4>

112   \<p>社区综合服务模式是一个涵盖基础设施服务、生活服务、安全保障服务、特殊群体服务、融合与互助服务、智慧化服务以及政策法规与资金等多个方面的综合体系。通过不断优化和完善这一模式,可以推动社区和谐发展,提升居民幸福感和满意度。\</p>

113   \</dd>

114   \<div class = "clearFloat">

115   \</div>

116 \</dl>

```
117    <dl id = "sec2_five" class = "sec2_box">
118    <dt><img src = "images/elder5.jpg"></dt>
119    <dd>
120        <h4>智能化养老公寓模式</h4>
121            <p>智能化养老公寓模式通过集成智能设施、健康监测、安全防护、便捷生活、人性化设
计、信息管理平台、老年人培训及管理体系等多个方面,为老年人打造了一个安全、便捷、舒适、温馨的养
老环境。随着科技的不断进步和社会对养老事业的持续关注,智能化养老公寓模式必将迎来更加广阔的
发展前景。</p>
122    </dd>
123    <div class = "clearFloat">
124    </div>
125    </dl>
126    </section>
```

（11）修改主体区域的 CSS 代码;删除预设高度的属性和值,添加属性: overflow:
hidden;。

（12）＃section2 区域美化的 CSS 样式。

```
232/* 模块 2  ＃section2 区域整体的 css 样式 */
233.main ＃section2 {
234    width: 1200px;  /* 宽度 1200px */
235}
237/* 主体部分模块二＃section2 部分的三级标题 */
238.main ＃section2 h3 {
239    height: 36px;/* 高 36px */
240    background-color: coral;/* 背景色珊瑚色 */
241    border: 2px dotted gold;/* 边框 2px 粗细,点线,金色 */
242    border-radius: 10px;/* 圆角半径 10px */
243    padding-top: 10px;/* 内填充为 10px */
244    font-size: 28px;/* 字体大小 28px */
245    font-family: myFont;/* 字体为自定义字体,初始化处已经定义 */
246    color: gold;/* 文本颜色为金色 */
247    text-align: center;/* 文本居中对齐 */
248    letter-spacing: 1em;/* 文本间距 1 倍文本大小 */
249}
251/* ＃section2 dl 作为图文并茂列表容器的 css 样式 */
252.main ＃section2 dl {
253    width: 1200px;/* 宽度 1200px */
254    margin-bottom: 10px;/* 下外边距 10px */
255    margin-top: 10px;/* 上外边距 10px */
256}
258/* ＃section2 dl 即图文并茂列表的图像容器 dt 的 css 样式 */
259.main ＃section2 dl dt {
260    width: 300px;/* 宽度 300px */
```

```
261    height: 150px;/* 高度 150px */
262    margin-left: 10px;/* 左外边距 10px */
263    float: left;/* 左浮动 */
264    transition: 1s;/* 过渡持续时间为 1 秒 */
265 }
266 /* dt 中图像 CSS 样式 */
267 .main #section2 dl dt img {
268    width: 100%;/* 宽度 100% */
269 }
270 /* 鼠标在 dt 标签上悬浮时 */
271 .main #section2 dl dt:hover {
272    transform: scale(1.1);/* dt 标签大小在水平和垂直方向变形为原来的 1.1 倍 */
273 }
274 /* #section2 dl dd 即图文并茂的文本容器的 css 样式 */
275 .main #section2 dl dd {
276    width: 800px;/* 宽度 800px */
277    height: 150px;/* 高度 150px */
278    background: rgba(255,255,255,0.6);/* 背景色为白色透明色 */
279    margin-right: 10px;/* 右外边距 10px */
280    padding-left: 20px;/* 左内填充 20px */
281    padding-right: 20px;/* 右内填充 20px */
282    padding-top: 20px;/* 上内填充 20px */
283    float: right;/* 右浮动 */
284 }
285 /* dl 列表的文本容器 dd 中的 4 级标题样式 */
286 .main #section2 dl dd h4 {
287    margin-bottom: 16px;/* 右外边距 16px */
288 }
289 /* dl 列表的文本容器 dd 中的段落样式 */
290 .main #section2 dl dd p {
291    text-indent: 2em;/* 段落开始处缩进 2 个文本大小的空间 */
292 }

294 /* 偶数 dl 列表中的文本居左对齐 */
295 .main #section2 dl:nth-of-type(2n) dd {
296    width: 800px;/* 宽度 800px */
297    margin-right: 10px;/* 右外边距 10px */
298    margin-left: 10px;/* 左外边距 10px */
299    float: left;/* 左浮动 */
300 }

302 /* 偶数 dl 列表中的图像居右对齐 */
303 .main #section2 dl:nth-of-type(2n) dt {
304    width: 300px;/* 宽度 300px */
305    height: 150px;/* 高度 150px */
```

```
306    margin-right: 10px;/* 右外边距 10px */
307    float: right;/* 右浮动 */
308}
```

5. 首页 footer 区域布局

1）实现 footer 部分 html 结构

```
127    <!-- 网页底部 footer -->
128    <footer>
129      <p>
130        夕阳之窗 &copy;版权所有
131      </p>
132    </footer>
```

2）实现 footer 部分样式 CSS 代码

```
310/* 底部版权 */
311footer {
312    width: 100%;/* 宽度 100% */
313    height: 40px;/* 高度 40px */
314    background-color: rgba(0, 0, 0, 0.7);/* 背景色黑色透明 */
315    padding-top: 20px;/* 上内填充 20px */
316}
317footer p {
318    font-size: 14px;/* 字体大小 14px */
319    text-align: center;/* 文本居中对齐 */
320    color: whitesmoke;/* 文本颜色烟白色 */
321}
```

11.3　制作注册页面

注册页面 register.html 和首页 index.html 页面的整体布局区域，均包括头部、banner 部分、主体区域、footer 版权区域，总体样式均相同。并且两个页面的头部区域<header></header>和版权区域<footer></footer>完全一致，我们把这些相同的部分做成模板；然后再个性化设置注册页面的 banner 区域和主体区域内容。

11.3.1　制作模板

在 index.html 中找到 header 区域和 footer 区域作为模板区域。同时也要把 index.css 样式文件中对应<header></header>和<footer></footer>区域的相关规则引入到 register.html 文件中。代码如下所示，其效果图如图 11-6 所示。

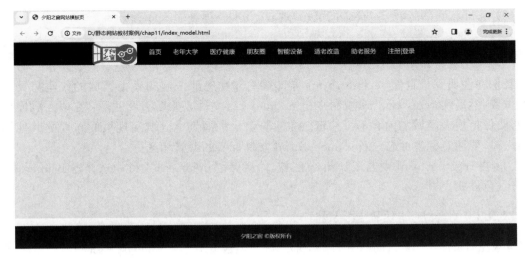

图 11-6 模板效果图

(1) 在 index.html 中找到头部区域<header></header>部分的 html 代码作为模板区域。

```
9    <! -- 网页头部-->
10   <header>
11     <! -- logo 区域 -->
12     <div id = "one">
13       <img src = "images/logo.jpg">
14     </div>
15     <! -- 导航栏 -->
16     <ul>
17       <li><a href = "#">首页</a></li>
18       <li><a href = "elderStudy.html">老年大学</a></li>
19       <li><a href = "#">医疗健康</a></li>
20       <li><a href = "#">朋友圈</a></li>
21       <li><a href = "#">智能设备</a></li>
22       <li><a href = "#">适老改造</a></li>
23       <li><a href = "#">助老服务</a></li>
24       <li><a href = "register.html">注册|登录</a></li>
25     </ul>
26   </header>
```

(2) 在 index.html 中找到底部区域<footer></footer>部分的 html 代码作为模板区域。

```
127  <! -- 网页底部 footer -->
128  <footer>
129    <p>
130      夕阳之窗 &copy;版权所有
131    </p>
132  </footer>
```

（3）头部和底部区域 css 样式的引用，通过<link/>标签引入 index.css。

```
<link rel = "stylesheet" type = "text/css" href = "css/index.css"/>
```

我们在注册登录页面 register.html 将首页头部和底部区域的模板区域的代码拷贝到对应的位置，然后在 register.html 文件中链入 index.css 文件。然后需要注意：在以后的操作过程中，要保持模板区域的内容不可编辑。在注册登录页面其他区域实现页面布局的其他标签的引入时，要注意标签命名与首页 index.html 文件标签的命名相区分。

（4）在 register.html 中插入 banner 区域，然后保留 index.css 文件中选择器.banner 的宽、高、背景色样式。

11.3.2　登录注册页面效果图

登录注册页面整体效果图如图 11－7 所示，除了模板页中呈现出的网站中统一样式外，我们还需要对该页面的 banner 区域和 main 区域的内容分别进行 html 结构的编码和 CSS 样式的设置。

图 11－7　登录注册页面效果图

11.3.3　注册登录页面的 banner 区域

在 register.html 文件中插入<banner></banner>标签。然后新建 register.css 文件，在该

文件中对 register. html 的 banner 区域进行样式的设置,最后将 register. css 文件链入
register.html 文件中。

(1) register.html 文件中标签区域的 html 结构。代码如下:

```
27   <div class = "banner">
28      <div class = "banner_register">
29        <div id = "box1">
30           < img src = "images/banner.jpg">
31        </div>
32        <div id = "box2">
33           老吾老以及人之老<br>
34           关爱今天的老年人<br>
35           就是关爱明天的自己<br>
36           为老人送去一句问候<br>
37           一个笑脸<br>
38           一份温暖<br>
39        </div>
40     </div>
41   </div>
```

(2) register.css 文件中个性化<banner>区域的 css 样式。

第一步,在 css 文件夹下创建 register.css 文件;

第二步,在 register.html 页面链入 register.css 文件;

```
<link rel = "stylesheet" type = "text/css" href = "css/register.css"/>
```

第三步,在 register.css 下创建规则。代码如下:

```
1    /* banner 区域内容容器.banner_register 初始状态 */
2    .banner .banner_register {
3     width: 1200px;/* 宽度为 1200px */
4     height: 400px;/* 高度为 400px */
5     margin:0px auto;/* 上下 0px 无缝连接,左右居中对齐 */
6     position: relative;/* 相对定位模式,为内容 div 的绝对定位打基础 */
7    }
8    /* 初始状态下图像区域透明度为 0.5,即半透明显示 */
9    .banner .banner_register #box1 {
10    width: 100% ;/* 宽度为 1200px */
11    height: 400px;/* 高度为 400px */
12    opacity:0.5;/* 透明度为 0.5 */
13    transition:3s;/* 动画过渡持续时间 3s */
14   }
15   /* 初始状态下文本区域透明度为 0,即不显示 */
16   .banner .banner_register #box2{
17    position:absolute;/* 绝对定位 */
18    left:500px;/* 距离左边 500px */
19    top:-122px;/* 距离上边 122px */
```

```
20  opacity:0;/* 透明度为 0 */
21  color:#fff;/* 文本颜色为白色 */
22  font-size:30px;/* 字体大小 30px */
23  font-family:"微软雅黑";/* 字体为微软雅黑 */
24  text-align:center;/* 文本居中对齐 */
25  transition:3s;/* 过渡持续时间 3 秒 */
26}
```

接下来在 banner 区域我们加入动画。当鼠标悬浮在 banner 区域时,图像由半透明状态变为不透明的清晰状态,同时文本自上而下显示在 banner 区域中央之处。

```
27/* 鼠标悬浮在图像区域,透明度为 1,不再透明 */
28.banner .banner_register #box1:hover{opacity:1;}
29/* 鼠标悬浮在图像区域#box1,其兄弟元素#box2 显示出来,并由上而下移动至 banner 区域中间。*/
30.banner .banner_register #box1:hover~#box2{
31  top:100px;/* 距离上边 120px */
32  opacity:1;/* 透明度为 1 */
33}
```

注意把握几个重要属性,包括 transition 属性、opacity 属性等;还有几个选择器的定义,包括"标签:hover"伪类选择器,表示鼠标悬浮在标签上的状态;选择器 1～选择器 2 表示两者是兄弟选择器。

11.3.4　注册登录页面的主体区域

1. 主体区域整体结构效果图分析

如图 11-8 所示,登录注册网页主体部分效果图。该主体区域包含两部分:section_register 登录注册区域和 section_imgs 滚动图片区域。

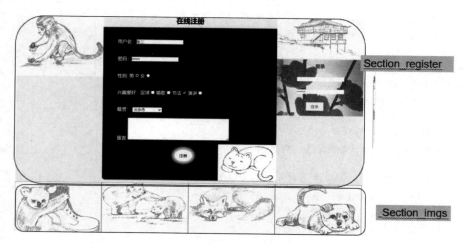

图 11-8　登录注册网页主体部分效果图

2. 主体区域整体结构 html 代码

```
42  <! -- 主体区域 -->
43  <div class = "main">
44      <! -- 登录注册模块 -->
45      <section id = "section_register">…</section>
……
110     <! -- 滚动图像模块 -->
111     <section id = "section_imgs">…</section>
135  </div>
```

3. 登录注册模块

在前面主体区域的第 45 行<section id＝"section_register"></section>标签之间插入登录注册模块三个区域的 html 结构

1）登录注册模块总体布局 html 结构

```
46  <! -- 登录注册模块左侧区域 -->
47  <div id = "registerLeft">…</div>
……
50  <! -- 登录注册模块中间区域 -->
51  <div id = "registerBox">…</div>
……
85  <! -- 登录注册模块右侧区域 -->
86  <div id = "registerRight">…</div>
```

2）登录注册模块左侧区域♯registerLeft 的 html 结构

```
48  <img src = "images/dr1.jpg">
```

3）登录注册模块中间区域♯registerBox 的 html 结构

```
52  <h2>在线注册</h2>
53  <form id = "register" action = "ex02.html" method = "get">
54      用户名：<input type = "text" name = "a" id = "" value = "张三" />
55      <br>
56      密码：<input type = "password" name = "pass" id = "" value = " * * * * * * " />
57      <br>
58      性别:<label for = "male">男</label>
59      <input type = "radio" name = "sex" id = "male" value = "男" checked = "checked" />
60      <label for = "female">女</label>
61      <input type = "radio" name = "sex" id = "female" value = "女" />
62      <br>
63      兴趣爱好：<label for = "c1">足球</label>
64      <input type = "checkbox" name = "love" id = "c1" value = "足球" />
```

```
65    <label for = "c2">唱歌</label>
66    < input type = "checkbox" name = "love" id = "c2" value = "唱歌" />
67    <label for = "c3">书法</label>
68    < input type = "checkbox" name = "love" id = "c3" value = "书法" checked />
69    <label for = "c4">演讲</label>
70    < input type = "checkbox" name = "love" id = "c4" value = "演讲" />
71    <br>
72    籍贯：
73    <select name = "pp">
74      <option value = "辽宁省沈阳市">辽宁省沈阳市</option>
75      <option value = "辽宁省大连市">辽宁省大连市</option>
76      <option value = "北京市" selected = "selected">北京市</option>
77      <option value = "上海市">上海市</option>
78    </select>
79    <br>
80    留言<textarea rows = "5" cols = "50"></textarea>
81    <br>
82    < input type = "submit" name = "" id = "" value = "注册" />
83    </form>
```

4）登录注册模块右侧区域♯registerRight 的 html 结构

```
86    <div id = "imgRight">
87      < img src = "./images/dr2.jpg">
88    </div>
90    <form id = "login" action = "index.html" method = "get">
91    <table border = "" cellspacing = "" cellpadding = "">
92      <tr>
93      <th colspan = "2">登录</th>
94      </tr>
95      <tr>
96        <td>用户名</td>
97        <td>< input type = "text" name = "" id = "" value = "" /></td>
98      </tr>
99      <tr>
100       <td>密码</td>
101       <td>< input type = "password" name = "" id = "" value = "＊＊＊＊＊＊" /></td>
102     </tr>
103     <tr>
104       <td colspan = "2">< input type = "submit" name = "" id = "" value = "登录" /></td>
105     </tr>
106   </table>
107   </form>
```

4. 登录注册模块的 CSS 样式

从网页布局方式上看,左右两个区域我们可以选择浮动的方式,使其左右排列。这样就要考虑到浮动由于脱离文档流,可能会对其他元素产生影响,为了避免此类问题发生,我们需要在父容器 section_register 选择器中添加属性 overflow:hidden;该属性旨在清除子元素浮动对父容器的影响。

1) 总体布局 CSS 样式

```
34      /* 主体区域注册登录模块初始状态 */
35      .main #section_register {
36          width: 1200px;/* 宽度 1200px */
37          overflow: hidden;/* 隐藏溢出部分——旨在清除子元素浮动对父容器的影响 */
38      }
```

2) #registerLeft 的 CSS 样式

```
39      /* 主体区域左侧图像模块初始状态 */
40      .main #section_register  #registerLeft {
41          width: 300px;/* 宽度 1200px */
42          height: 600px;/* 高度 600px */
43          float: left;/* 左浮动 */
44          opacity: 0.5;/* 透明度 0.5 */
45      }
46      /* 主体区域左侧图像模块的图像充满整个容器 */
47      .main #section_register #registerLeft img {
48          width: 100%;/* 宽度 100% */
49      }
50      /* 鼠标悬浮在左侧图像模块区域,清晰显示 */
51      .main #section_register #registerLeft:hover {
52        opacity: 1;/* 透明度 1 */
53      }
```

3) #registerBox 的 CSS 样式

```
54/* 主体区域中间注册模块 */
55.main  #section_register #registerBox {
56      width: 600px;/* 宽度 600px */
57      height: 600px;/* 高度 600px */
58      overflow: hidden;/* 隐藏溢出部分——旨在清除子元素浮动对父容器的影响 */
59      float: left;/* 左浮动 */
60      border-radius: 10px;/* 圆角半径 10px */
61  }
62  /* 主体区域中间注册模块标题 2——"在线注册" */
63  .main  #section_register #registerBox h2 {
64      width: 100px;/* 宽度 100% */
```

```
65      margin: 0 auto;/* 上下外边距为 0,无缝链接,左右居中 */
66      padding-top: 20px;/* 上内填充 20px */
67      text-align: center;/* 文本水平居中 */
68    }
69    /* 主体区域中间注册模块注册表单 */
70    .main  #section_register #registerBox form {
71      width: 600px;/* 宽度 600px */
72      height: 600px;/* 高度 600px */
73      margin: 10px auto;/* 上下外边距为 10px,左右居中 */
74      background: # 006622 url(../images/dr3.gif) no-repeat 400px 410px;/* 背景色" #
006622",背景图像路径"../images/dr3.gif"不重复 位置 距离 form 表单左边 400px,上边 410px */
75      padding-top: 20px;/* 上内填充 20px */
76      padding-left: 50px;/* 左内填充 50px */
77      line-height: 60px;/* 行高 60px */
78      color: #fff;/* 颜色白色 */
79      position: relative;/* 相对定位 */
80      transition: 2s;/* 动画持续时间 2 秒 */
81    }
82    /* 注册表单的注册按钮 */
83    .main  # section_register #registerBox form input[type = "submit"] {
84      display: inline-block;/* 行内块 */
85      width: 60px;/* 宽度 60px */
86      height: 40px;/* 高度 40px */
87      position: relative;/* 相对定位 */
88      left: 200px;/* 距离初始位置左边 200px */
89      border-radius: 50％;/* 圆角半径 50％ */
90      box-shadow: 0px 0px 10px 10px #ccc;/* 盒子阴影水平偏移 0px,垂直偏移 0px,模糊半径
10px,扩展半径 10px,颜色浅灰色 */
91      background: #eee;/* 背景深浅灰色 */
92    }
93    /* 鼠标悬浮在注册表单区域时,注册表单的背景图像位置发生改变,小猫走向注册按钮 */
94    .main #section_register #registerBox:hover>form {
95    /* 背景图像只是位置发生改变 */
96      background: # 006622 url(../images/dr3.gif) no-repeat 300px 410px;/* 背景色" #
006622",背景图像路径"../images/dr3.gif"不重复 位置 距离 form 表单左边 300px,上边 410px */
97    }
```

4) #registerRight 的 CSS 样式

```
98    /* 主体区域右侧登录模块 */
99    .main #section_register #registerRight {
100     width: 300px;/* 宽度 300px */
101     float: left;/* 左浮动 */
102    }
103    /* 主体区域右侧登录模块的图像充满整个容器 */
```

```
104    .main #section_register #registerRight img {
105      width: 100%;/* 宽度 100% */
106      opacity: 0.5;/* 透明度 0.5 */
107    }
108    /* 鼠标悬浮于右侧登录模块的图像上时透明度变为 1,图像清晰显示 */
109    .main #section_register #registerRight img:hover {
110    opacity: 1;/* 透明度 1 */
111    }
112    /* 主体区域右侧登录模块的登录表单 */
113    .main #section_register #registerRight form {
114      width: 300px;/* 宽度 300px */
115      height: 200px;/* 高度 200px */
116      background: url(../images/hongmei2.jpg);/* 背景图像路径 */
117      opacity: 0.5;/* 透明度 0.5 */
118    }
119    /* 鼠标悬浮在登录表单上时,该表单变得清晰 */
120    .main #section_register #registerRight form:hover {
121      opacity: 1;/* 透明度 1 */
122    }
123    /* 登录表单所包含的表格大小 */
124    .main #section_register #registerRight form table {
125      width: 300px;/* 宽度 300px */
126      height: 200px;/* 高度 200px */
127    }
128    /* 登录表单中登录按钮样式 */
129    .main #section_register #registerRight form  table input[type = "submit"] {
130      display: inline-block;/* 行内块 */
131      width: 60px;/* 宽度 60px */
132      height: 30px;/* 高度 40px */
133      position: relative;/* 相对定位 */
134      left: 100px;/* 距离初始位置左边 100px */
135    }
```

5. 滚动图片模块的 html 结构

```
110    <! -- 滚动图片模块 -->
111    <section id = "section_imgs">
112      <ul>
113      <li>
114        <div id = "img1">
115          <img src = "images/dr4.jpg">
116        </div>
117      </li>
118      <li>
119        <div id = "img2">
```

```
120          < img src = "images/dr5.jpg">
121            </div>
122          </li>
123          <li>
124            <div id = "img3">
125              < img src = "images/dr6.jpg">
126            </div>
127          </li>
128          <li>
129            <div id = "img4">
130              < img src = "images/dr7.jpg">
131            </div>
132          </li>
133        </ul>
134      </section>
```

6. 滚动图片模块的 CSS 样式

```
136    /* 滚动图片模块区域 */
137    .main # section_imgs{
138    width: 1200px;/* 宽度 1200px */
139    margin-top: 10px;/* 上外边距 10px */
140    }
141    /* 滚动图片模块区域中每一个列表项的图片容器 */
142    .main # section_imgs ul li div {
143      width: 298px;/* 宽度 298px */
144      height: 200px;/* 高度 200px */
145      float: left;/* 左浮动 */
146      border: solid 1px black;/* 边框实线 1 像素 黑色 */
147      background: #fff;/* 背景白色 */
148      opacity: 0.5;/* 透明度 0.5 */
149    }
150    /* 鼠标悬浮在图片容器上 */
151    .main # section_imgs ul li div:hover {
152      opacity: 1;/* 透明度 1 */
153    }
154    /* 图片大小 */
155    .main # section_imgs ul li div img {
156      width: 100％;/* 宽度 100％ */
157    }
```

到目前为止,我们完成了"夕阳之窗"网站的首页、注册页,由于篇幅关系,导航栏上其他相关页面由同学们自主设计完成。

参 考 文 献

［1］刘万辉.网页设计与制作（HTML＋CSS＋JavaScript）［M］.2 版.北京：高等教育出版社
有限公司,2018.

［2］黑马程序员.HTML5＋CSS3 网站设计基础教程［M］.2 版.北京：人民邮电出版社,2019.

［3］汤佳.HTML5＋CSS3 网页设计任务教程［M］.北京：高等教育出版社有限公司,2018.

［4］黑马程序员.HTML5＋CSS3 网页设计与制作［M］.北京：人民邮电出版社,2020.

［5］黑马程序员.响应式 Web 开发项目教程（HTML5＋CSS3＋Bootstrap）［M］.2 版.北京：
人民邮电出版社,2021.

［6］陈承欢.网页设计与制作任务驱动教程［M］.3 版.北京：高等教育出版社有限公司,2017.

［7］朱翠苗.HTML5＋CSS3 网站设计基础［M］.大连：大连理工大学出版社,2019.

［8］曾建华.HTML5 移动前端开发基础与实战（微课版）［M］.北京：人民邮电出版社,2019.

［9］汪婵婵.Web 前端开发任务驱动式教程（HTML5＋CSS3＋JavaScript）［M］.北京：电子
工业出版社有限公司,2019.

［10］工业和信息化部教育与考试中心.Web 前端开发（初级下 1＋X 证书制度试点培训用书）
［M］.北京：电子工业出版社有限公司,2019.